U0244284

本书由2021年度大连外国语大学出版基金资助

企业环境治理
相关问题研究

迟　铮◎著

中国财经出版传媒集团

经济科学出版社
Economic Science Press

图书在版编目（CIP）数据

企业环境治理相关问题研究/迟铮著 . —北京：
经济科学出版社，2021.11
ISBN 978 - 7 - 5218 - 2902 - 0

Ⅰ. ①企…　Ⅱ. ①迟…　Ⅲ. ①企业环境管理 - 研究 -
中国　Ⅳ. ①X322. 2

中国版本图书馆 CIP 数据核字（2021）第 195821 号

责任编辑：程辛宁
责任校对：刘　昕
责任印制：张佳裕

企业环境治理相关问题研究
迟　铮　著
经济科学出版社出版、发行　新华书店经销
社址：北京市海淀区阜成路甲 28 号　邮编：100142
总编部电话：010 - 88191217　发行部电话：010 - 88191522
网址：www. esp. com. cn
电子邮箱：esp@ esp. com. cn
天猫网店：经济科学出版社旗舰店
网址：http：//jjkxcbs. tmall. com
固安华明印业有限公司印装
710 × 1000　16 开　12. 75 印张　230000 字
2021 年 11 月第 1 版　2021 年 11 月第 1 次印刷
ISBN 978 - 7 - 5218 - 2902 - 0　定价：78. 00 元
（图书出现印装问题，本社负责调换。电话：010 - 88191510）
（版权所有　侵权必究　打击盗版　举报热线：010 - 88191661
QQ：2242791300　营销中心电话：010 - 88191537
电子邮箱：dbts@ esp. com. cn）

前　言

　　中国自 1978 年开始实行改革开放政策以来，实现了经济的高速增长，但与此同时，环境问题也已十分突出，实现社会、经济与环境的可持续协调发展的目标也随之面临着巨大挑战。因此，在新时期如何处理好经济发展与环境保护的关系，并实现经济增长的速度与质量并重的目标，已成为中国经济发展必须直面的核心问题。党中央、国务院高度重视经济增长和环境污染治理问题，中共十八大明确提出绿色发展战略，中共十九大更是直接指出：必须像对待生命一样对待生态环境，要不断推进生态文明建设，贯彻绿色发展理念，注重经济增长的质量。企业是环境资源的主要使用者，也是环境污染的主要源头，理应在追求经济效益的同时承担必要的环境保护责任，增加环境保护方面的投入，发挥环境治理主力军作用。然而，自 2011 年的"PM2.5 爆表"事件发生以来，"雾霾"现象时有出现，人们开始对污染类企业污染行为的声讨。随着环境问题逐渐引起了重视，政府开始加强对污染类行业的环境管制，出台了一系列环保政策及法规，从而使得污染类行业所处的经营环境骤然发生了变化，污染类企业的环境责任风险与声誉风险均随之而增加。

伴随着人们越发关注环境质量以及企业履行环境保护责任的情况，针对企业环境治理行为的研究也逐渐成为学术界所关注的热点问题。那么影响企业环境治理的因素有哪些？企业环境治理会带来何种经济后果？企业环境治理是否还会产生其他的相关问题？为回答这些问题，本书以沪深 A 股上市公司的经验数据为样本，对这些问题进行实证检验和解释，并根据研究结论提出相关对策，以期为我国企业环境治理的实践有所裨益。

本书分为以下五章内容：

第一章，导论。本部分主要介绍了本书的研究背景和研究意义，以及研究内容和研究方法。

第二章，企业环境治理影响因素研究。本章以沪深 A 股重污染行业上市公司、重污染行业中出口企业上市公司及污染类上市公司数据为样本，采用线性回归及逻辑回归方法，实证检验我国企业环境治理的影响因素，力求为优化我国企业环境治理行为探讨可行性方案。

第三章，企业环境治理经济后果研究。本章以沪深 A 股重污染行业上市公司、重污染行业中出口企业上市公司及污染类上市公司数据为样本，采用线性回归及逻辑回归方法，实证检验我国企业环境治理的经济后果，旨在说明企业环境治理的重要性。

第四章，其他问题研究。因企业财务绩效、主动发起反倾销调查及成本会计制度等均可以影响到企业在环境治理方面的投入，本章着重介绍了以上与企业环境治理有关的其他研究问题。本章首先以沪深 A 股的出口企业上市公司数据为样本，采用线性回归方法，实证检验企业财务绩效的影响因素；本章随后应用事件研究法，以中国对印度、日本吡啶产品反倾销案为例，利用沪深两市从事吡啶生产的上市公司日报酬率数据，实证检验了中国对外反倾销初裁与终裁事件对我国吡啶上市公司所产生的影响；本章最后回顾了新中国成立后成本会计制度、成本会计实务以及成本会计理论研究的发展历程，并探讨了成本会计制度变革对企业以及企业环境治理所产生的影响。

第五章，研究结论与展望。本章针对本书研究结论进行了全面总结，并指出了企业环境治理研究领域下一步的重点研究方向。

本书力求在以下方面有所创新：第一，采用线性回归模型，以及沪深 A 股 377 家重污染行业上市公司的经验数据揭示了产权性质对重污染企业环境治理行为的影响机理。第二，采用线性回归模型，以及沪深 A 股 429 家污染类上市公司的经验数据揭示了环境质量和高管家乡认同对污染类企业环保资产投资的影响机制。第三，采用线性回归和二元逻辑回归模型，以及沪深 A 股重污染行业中 265 家出口企业上市公司的经验数据揭示了政府环境规制对企业环境成本内部化水平，以及企业环境成本内部化水平对反生态倾销的影响机理。第四，采用线性回归模型，以及沪深 A 股 377 家重污染行业上市公司的经验数据揭示了雾霾污染程度对重污染企业短期信贷融资能力及企业成长性的影响机理。第五，采用线性回归模型，以及沪深 A 股 429 家污染类上市公司的经验数据揭示了融资约束、媒体关注、产权及行业性质在污染类企业环境信息披露对企业创新能力的影响中所具有的调节作用。第六，采用线性回归模型，以及沪深 A 股 377 家重污染行业上市公司的经验数据，基于内生性视角，揭示了企业资本性环保支出与企业财务绩效交互影响机理。第七，采用线性回归模型，以及沪深 A 股 600 家出口企业上市公司的经验数据来验证应通过完善董事会治理及股权结构、规避国际反倾销来提高企业财务绩效。第八，基于完善企业环境治理机制的需要，对深化我国成本制度改革问题提出了具体方案，并阐述了当前成本会计理论研究应重点关注的问题。

本书研究目的是：以合法性理论、外部压力理论、利益相关者理论、新制度经济理论、优序融资理论、情绪泛化假说、创造性破坏理论为理论基础，运用实证和规范研究相结合的方法，基于会计的视角，对我国企业环境治理的影响因素、我国企业环境治理的经济后果及其他相关问题进行深入研究，以期为政府有关部门和企业在环境治理决策中提供理论指导及决策参考。

目　录

导　　论

第一节　研 究 背 景

　　企业环境治理，通常是指企业为履行环境保护责任而发生的污染预防与整治行为，既包括环保设施与技术的研发、购置和改造，以及对环保企业的股权投资等环保资本支出行为，也包括环保税费、环保捐赠以及环保罚没等环保费用支出行为，还包括因消减污染源和淘汰落后产能所导致的限产、停产和转产等行为。将经济增长方式转变为绿色发展的方式，已成为新时代中国经济发展必须直面的一项紧迫而又艰巨的挑战。党中央、国务院一直以来都高度重视环境污染治理问题。中共十八大和十九大中均明确了污染防治的重要性及绿色发展的理念，中共十九大更是直接指出：必须像对待生命一样对待生态环境，要花大力气去解决突出的环境问题并持续实施大气污染防治工作，努力推动绿色发展能够切实有效的实施。

　　为了治理日益严峻的雾霾污染等环境问题，

中共十八大以后，中国政府逐步加大环保法律法规建设力度和环保执法强度，先后修订了《中华人民共和国环境保护法》《中华人民共和国大气污染防治法》和《环境空气质量标准》，并相继出台了《大气污染防治行动计划》和《中华人民共和国环境保护税法》。中共十九届三中全会更是完善了现有的生态文明绩效评价体系，由成立的中共中央审计委员会对各级党政主要领导干部进行离任审计。离任审计的范围包括经济责任、自然资源资产管理和生态环境保护责任。可以说，从逐步完善的评价体系到制度法规均体现出国家对于环境保护与污染防治的高度重视。环保法规是规范企业环境行为与生产经营活动的根本制度，也是引导企业切实能履行环境保护责任的"有形之手"。毫无疑问，随着中国环保法律法规的日趋完善，企业所面临的制度环境发生了变化，其融资、投资及经营行为不可避免地也会受到影响。正是在此背景之下，本书拟开展企业环境治理的相关问题研究，以期对实务界与理论界有所裨益。

第二节　研究意义

不可否认，一些发展中国家在环境保护方面确实存在着许多不足，大多数制造业是以高投入、高消耗、低效益的数量型模式来发展。在这种背景下，产品的生产对环境有着很强的依赖性，只有通过将产品生产的私人成本转嫁给社会的方式，才能保证企业可以盈利，生产经营活动才可以继续。在产品中，对生态环境影响较大的以钢铁、煤炭、造纸、纺织、化工类等产品为最，一些企业更是盲目为了增加生产规模而给环境带来了伤害。环境问题产生的经济原因在于市场失灵和政府失效，即商品的价格不能完全反映商品的社会成本，也不能体现出商品真实的价值。换言之，由于生产活动所造成的环境损失并没有被包括在商品的价格里，造成了环境成本的外部化。这种情况所造成的大量外部成本都因环境补偿机制不完善而由社会来负担。基于此，本书拟通过深度分析企业环境治理的影响因素及其经济后果来积极探索优化企业环境治理的举措。本书的研究意义主要包括学术价值与应用价值两个方面。

一、学术价值

首先，有助于丰富企业环境治理的理论研究。基于正式制度和非正式制度的双重视角，实证检验企业环境治理的影响因素及其经济后果，以期为我国企业通过完善环境治理机制提供实证依据，突破已有文献中缺乏企业环境治理研究的局限性。

其次，有助于丰富环境成本会计理论研究。分析我国污染类企业环境治理存在的突出问题及原因，尝试根据应对环境法规与反倾销的紧迫需要，提出优化环境治理投入的政策建议，弥补已有文献中环境成本补偿机制研究的缺失。

二、应用价值

首先，符合会计信息使用者对高质量企业产品成本信息的需要。对于企业决策者来说，高质量企业产品成本信息有利于制定合理的产品价格与成本管控；对于反倾销调查机构来说，出口企业产品成本信息是最为有用的并可以做出有效决策的会计信息。企业是否形成绿色发展模式，环境成本是否足额计入企业成本，关系到企业产品成本信息质量能否得到国际社会普遍认可。完善企业环境治理的核算和信息披露制度，规范企业环境治理行为，既是满足会计信息使用者对企业环境成本信息的需求，也是提高企业产品成本信息质量的必由之路。

其次，符合防范和应对环境风险的会计与税收制度创新的需要。为防范和应对突发的重大环境风险，并解决因环境成本外部性所导致的反生态倾销等问题，建立环保准备金制度，既是加快环境成本内部化进程的需要，同时也是保护环境和应对反生态倾销对会计、税收制度创新的呼唤。

第三节　研究内容与研究方法

一、研究内容

一方面，现代企业是复杂经济关系的载体，也是显性与隐性契约的集合。对于重污染行业而言，因环境污染通常会违反相关法律和法规，亦会造成债权人潜在的风险不断地增加。为规避严苛的环保处罚，企业可能会迫于舆论的压力而增加企业的环保资本投入；再者，为维护企业自身声誉并充分考虑到相关者的利益，企业亦有可能在所属地区环境质量变差之时"痛定思痛"，从而加大企业环保资本投入。另一方面，随着温室效应等环境问题的加剧，贸易保护主义又将"绿色贸易"指标纳入贸易壁垒当中。对于发达国家来说，执行严格的环境约束规则意味着每单位产品的生产需要加大对节能减排技术的投入，而这部分投入最终会分摊到产品成本中去，从而导致产品的单位成本增加。由于受环境约束程度较低，发展中国家生产同类型产品的单位成本普遍较发达国家要低。较低的环境约束意味着变相的补贴，与发达国家的生产厂商必须承担必要的环保支出相比，发展中国家的出口厂商通常会具有显著的比较成本优势，如果发展中国家的出口厂商出口产品至发达国家，必然会因为较少的环保投入而使自身产品具有一定的价格优势。为了维持本国产品的国际竞争力，一些发达国家通常会启动诸如征收"碳关税"或反倾销税等救济手段来避免本国相关产业利益受到进一步的损害。因此，如何敦促企业做好在环境污染方面的防治工作与应对发达国家的反生态倾销，进一步发挥会计在其中的作用，是当前我国会计理论研究中的重大课题。本书正是基于以上考虑就企业环境治理问题展开研究。本书的研究共分为以下五章内容：

第一章，导论。本章首先对我国现有的环境制度、环境问题的现状及企业环境治理的实际情况进行阐述，在此基础之上介绍了本书的研究背景和研究意义，并阐明本书的研究内容和结构安排以及研究方法。本章的研究目的是确定本书研究内容的整体布局及研究思路。

第二章，企业环境治理影响因素研究。本章首先采用沪深 A 股重污染行业上市公司的经验证据，利用最小二乘法（OLS）回归模型来实证检验空气污染、产权性质与企业环境治理行为的关系。旨在通过重污染行业上市公司的经验数据来说明应大力推广国有企业社会责任文化建设的成功经验，充分发挥国有企业在生态文明建设中的示范引领作用。本章然后以沪深 A 股 429 家污染类上市公司为研究对象，实证检验环境质量、高管家乡认同与企业环保资产投资的关系。意在通过污染类上市公司的经验证据来验证高管家乡认同对环境质量与污染类企业环保资产投资的关系具有反向调节作用，即在企业主要高管人员的选聘中，可以优先考虑条件基本相同的"本地人"，以发挥高管家乡认同对企业履行自愿性环境保护责任所具有的正向推动作用。本章最后以沪深 A 股重污染行业中 265 家出口企业上市公司为研究样本，应用线性回归与二元逻辑回归模型，实证检验环境规制、环境成本内部化与国外对华反生态倾销之间存在的关系。旨在通过重污染行业中出口企业上市公司的经验证据来说明加大环境规制强度对提升企业环境成本内部化水平具有显著的正向促进作用。

第三章，企业环境治理经济后果研究。本章首先以沪深 A 股 265 家重污染行业出口企业上市公司为研究对象，应用二元逻辑回归模型，实证检验企业环保投资与国外对华反生态倾销的关系。旨在通过重污染行业中出口企业上市公司的经验证据来说明中国出口企业可以通过加大环保投资力度来规避国外对华反生态倾销风险。本章随后通过国泰安 CSMAR 数据库采集沪深 A 股 377 家重污染行业上市公司的数据，使用逐步检验法来实证检验雾霾污染程度、企业短期信贷与企业成长性的关系。旨在通过重污染行业上市公司的经验证据来验证雾霾污染可以通过减弱重污染企业短期信贷融资能力进而降低其成长性这一结论。本章然后通过国泰安 CSMAR 数据库采集沪深 A 股 429 家污染类上市公司的数据，使用逐步检验法、工具变量法及替换变量法来实证检验企业环境信息披露对企业创新能力的影响。其研究目的是通过污染类上市公司的经验证据来说明污染类企业环境信息披露可以通过缓解融资约束进而提升企业创新能力。本章最后以沪深 A 股 377 家重污染行业上市公司为研究对象，基于内生性视角，实证检验企业资本性环保支出与企业财务绩效的关系。意在通过重污染行业上市公司的经验证据来说明资本性环保支出水平越高，越不利于提高企业财务绩效；企业财务绩效越差，进行资本性环保支出的意愿越强。

第四章，其他问题研究。因企业的财务绩效、本国的贸易保护政策等因素都会影响到企业的环境治理投入程度，本章主要探讨了与企业环境治理相关的其他问题。首先，本章通过国泰安 CSMAR 数据库采集沪深 A 股 600 家出口企业上市公司的数据，使用最小二乘法（OLS）回归模型来实证检验董事会治理、国际反倾销对中国出口企业财务绩效的影响。意在通过出口企业上市公司的经验证据来说明我国出口企业建立并完善董事会治理结构和反倾销危机管理机制的重要性。其次，本章亦使用国泰安 CSMAR 数据库采集沪深 A 股市场 600 家出口企业上市公司数据，使用最小二乘法（OLS）回归模型来实证检验中国出口企业股权结构与企业绩效的关系。旨在通过出口企业上市公司的经验证据来证明中国出口企业宜通过优化股权结构来提高企业绩效这一结论。再其次，本章以 2013 年中国对印度和日本进口的吡啶产品反倾销案为例，应用事件研究法，利用沪深股市 9 家吡啶上市公司的日报酬率数据，实证检验中国对印度和日本吡啶产品反倾销初裁日与终裁日期间的市场效应。其研究目的是运用中国资本市场的数据来回答我国商务部对印度、日本吡啶产品反倾销调查给我国相关企业及相关行业发展带来怎样的影响这一问题。最后，本章在回顾了新中国成立后成本会计制度、成本会计实务以及成本会计理论研究的发展历程的基础之上，探讨了未来包括环境成本会计在内的理论研究重点问题以及可能的发展方向。

第五章，研究结论与展望。本章针对本书的研究结论进行了全面总结，并在此基础上对企业环境治理相关问题的研究前景进行了展望。本章的研究目的是对本书的研究贡献进行全面总结，并指出了关于企业环境治理相关问题的下一步的研究方向。

二、研究方法

本书拟采用规范研究与实证研究相结合的方法来实现优势互补，针对企业环境治理相关问题展开研究。

（一）规范研究

本书运用规范研究方法回顾了我国成本会计制度、成本会计实务以及成本会计理论研究的发展历程，并就如何进一步深化我国成本会计制度改革等问题展开了规范性研究。此外，本书在系统的总结主要研究结论之后，展望了未来的环境成本会计的研究方向。

（二）实证研究

本书分别利用沪深 A 股重污染行业上市公司的数据、沪深 A 股的污染类上市公司的数据和沪深 A 股重污染行业中出口企业上市公司的数据，采用线性回归模型实证检验了我国企业环境治理的影响因素及经济后果。不仅如此，本书亦基于沪深 A 股的出口企业上市公司的经验证据，采用线性回归模型实证检验了我国出口企业的财务绩效影响因素并探讨了我国出口企业应如何优化股权结构及董事会治理机制。此外，本书还通过市场模型，实证检验了我国对印度、日本吡啶产品反倾销对我国吡啶生产企业及相关行业所带来的影响。

第四节　主要创新与局限性

一、主要创新之处

与已有的研究成果相比，本书创新之处主要体现在：

（1）已有文献鲜有关注空气污染对微观企业环境治理行为的影响，本书发现雾霾污染与重污染企业环境治理行为之间的内在关系，并揭示了产权性质对重污染企业环境治理行为的影响机理，以及产权性质在空气污染对重污染企业环境治理行为的影响中所起的中介调节作用。

（2）已有文献鲜有关注企业环保资产投资的影响因素，本书基于正式制度和非正式制度的双重视角对污染类企业环保资产投资的影响因素进行研究，并分别揭示了环境质量和高管家乡认同对污染类企业环保资产投资的影响机制。

（3）本书丰富了环境治理与国外对华反生态倾销关系的研究文献，同时揭示了政府环境规制如何促进企业环境成本内部化水平的提升，以及企业环境成本内部化水平对反生态倾销的影响机理，并基于应对国外对华反生态倾销的视角，为进一步完善政府环境规制并引导企业加快环境成本内部化进程提供可行性政策建议。

（4）本书揭示了雾霾污染程度对重污染企业短期信贷融资能力及企业成长性的影响机理，以及重污染企业短期信贷在雾霾污染与企业成长性之间所起的作用，这对已有文献是有益的补充。

（5）已有文献鲜有关注企业环境信息披露水平是如何影响污染类企业创新能力，而本书则基于融资约束这一中介变量对此进行较深入的研究，并分别揭示了媒体关注、产权及行业性质在污染类企业环境信息披露对企业创新能力的影响中所具有的调节作用。

（6）已有文献仅是将企业环保投资作为外生变量，采用单方程检验企业环保投资对企业绩效影响，但该种检验忽略了两者存在的内生性问题，其实证结果或许存在偏误。本书基于内生性视角，揭示了企业资本性环保支出与企业财务绩效交互影响机理，为进一步完善政府环境政策进而引导企业加大资本性环保支出力度提供理论指导和决策参考。

（7）出口企业的财务绩效不仅是衡量企业盈利能力的主要指标，也是关系到我国对外贸易乃至经济发展的大问题。本书基于不同的视角对影响出口企业财务绩效的因素展开研究，对完善董事会治理及股权结构、规避国际反倾销，以及提高企业财务绩效具有一定的现实意义。

（8）基于完善企业环境治理机制的需要，对深化我国成本制度改革问题提出了具体方案，并具体阐述了当前成本会计理论研究应重点关注的问题。

二、研究的局限性

本书的局限性在于：

（1）由于数据的可获得性问题，在本书第二章第一节、第二章第二节的产权性质与企业环境治理、高管家乡认同与企业环境治理的内容中，以及本书第三章第二节雾霾困城、短期信贷与企业成长性的研究内容中，衡量环保制度是严苛还是宽松的数据难以直接获取到，故本书只能以空气质量指数的高低来反映上市公司所在地的环境规制是否严苛，企业所面临的环保制度与法规是否严格。

（2）由于可选样本较少的问题，在本书第四章第三节的中国对外反倾销的政策有效性内容中，仅选取 2013～2014 年 9 家生产吡啶产品的上市公司作为研究样本，研究结论有待以后通过大样本量的"事件"来进一步地检验。

第二章

企业环境治理影响因素研究

第一节　产权性质与企业环境治理

一、问题的提出

雾霾等环境污染问题，是大自然向多年来粗放式经济增长方式亮起的红灯，在中国发展的新时代，转变经济增长方式、实施绿色发展战略已经刻不容缓。党和政府高度重视经济发展与环境保护之间的冲突与协调问题，已将环境污染治理工作提升到了前所未有的高度，中共十九大已明确指出生态环境、污染防治与绿色发展的重要性。

为了对雾霾等环境污染的源头进行彻底治理，进而改善环境并提升经济发展和人们生活质量，中国正逐步加大环保法律法规建设力度和环保执法强度，先后修订了《中华人民共和国环境保护法》《中华人民共和国大气污染防治法》《环境空气质量标准》，并相继出台了《大气污染防治行动计划》《中华人民共和国环境保护税法》。环保法律法规是规范企业环境行为的根本制度，也是引导企业履行环境保护责任的"有形之手"。毫无疑问，随着中国环保法律法规的日趋完善，企业尤其是重污染企业所面临的制度环境发生了巨大变化，这对重污染企业行为不可避免会产生重大影响。学术界对此也开始了有益的探索和研究。刘运国和刘梦宁（2015）发现，在 2011 年"PM2.5 爆表"事件后，重污染企业进行了显著向下的盈余管理。盛明泉等（2017）的研究表明，雾霾污染对重污染企业债务融资能力具有负向净效应，且显著抑制了企业的过度投资行为。罗开艳和田启波（2019）发现，随着雾霾污染程度的加剧，重污染企业的投资支出会显著减少。众所周知，重污染企业是拉动经济高速增长的"功臣"，但也是造成雾霾污染的"元凶"。重污染企业的污染物不经处理而向大气直接排放是形成雾霾的重要原因之一。因而，重污染企业能否提升环境治理能力，并积极履行环境保护责任，既关系到企业能否实现绿色转型，也会影响当下中国污染防治攻坚战的成败。显然，已有关于空气污染对重污染企业行为影响的研究视角难能可贵，其研究方法和思路对后续研究具有重要参考价值。然而，空气污染这一自然现象所反映的环保法律法规和政策的变化，其对重污染企业行为的影响绝不会仅限于企业盈余管理和投融资方面，在新的制度环境下，重污染企业的环境治理行为面临着前所未有的挑战，同时也不可避免地会具有显著的产权差异特征。有鉴于此，本节拟就空气污染和产权性质对重污染企业环境治理行为的影响展开研究，即主要回答以下问题：第一，空气污染是否会影响重污染企业的环境治理行为？第二，产权性质在空气污染对重污染企业环境治理行为的影响中是否发挥了中介效应？

笔者可能的贡献可以概括为：第一，已有文献鲜有关注空气污染对微观企业环境治理行为的影响，笔者发现空气污染与重污染企业环境治理行为之间的内在联系，丰富了相关领域的研究。第二，笔者揭示了产权性质对重污染企业环境治理行为的影响机制，以及产权性质在空气污染对重污染企业环境治理行为的影响中所具有的中介效应，这对已有文献是有益的补充。第三，笔者根据研究结论所获得的启示，可作为政府有关部门和重污染企业环境治理相关决策的参考。

二、理论分析与研究假设

（一）空气污染与企业环境治理

企业处于市场最核心的位置，既生产商品、提供劳务，同时又消耗环境资源，对生态环境造成一定的破坏。数据显示，超过80%的环境污染物产生于企业，企业已然成为制造污染物与损害环境的经济主体（沈洪波等，2012）。企业的污染行为会对社会、经济以及其他企业产生影响，并衍生出负外部性（周守华、陶春华，2012）。布坎南和斯塔伯恩（Buchanan and Stubblebine，1962）的经济学外部性理论认为，企业追求自身利益最大化所产生的负外部性将会导致社会福利损失，解决途径就是要充分发挥政府干预职能，推动企业实施环境治理，减少污染行为。所谓企业环境治理，通常是指企业为履行环境保护责任而发生的污染预防与整治行为，既包括环保设施与技术的研发、购置和改造，以及对环保企业的股权投资等环保资本支出行为，也包括环保税费、环保捐赠以及环保罚没等环保费用支出行为，还包括因消减污染源和淘汰落后产能所导致的限产、停产和转产等行为。推动企业环境治理，是优化资源配置、消除"公地悲剧"、保护生态环境，以及实现社会、经济与环境可持续协调发展的必要举措。

笔者认为，空气污染对重污染企业环境治理行为的影响主要表现在以下几方面：第一，新的环保法律法规加大了重污染企业的合法性认同压力。合法性理论（Suchman，1995）认为，企业生存与发展的前提是其行为必须符合法律法规的要求，否则，其存在的合法性就会受到威胁，也就无法获得各种社会资源甚至被淘汰出局。新的环保法律法规使得重污染企业合法性地位岌岌可危，由此而形成的合法性认同压力可能是影响企业环境治理行为决策的一个重要因素。外部压力论（Walden and Schwartz，1997）认为，企业通常会在政府的环境政策管制下做出履行社会责任与环境责任的行为。政府加大环保法律法规建设力度和环保执法强度，会促使企业更好地履行社会责任（Schwartz and Carroll，2003；章辉美、邓子纲，2011），增加环保投资总额（胡立新等，2017；张琦等，2019），改善其环境表现（Roussey，1992；沈洪涛、冯杰，2012）。一般来说，企业在面临是选择缴纳环保罚款还是履行环保责任时，通常会权衡利弊。当企业面临的环境税费和环保罚款逐渐大于履行环境保护责任的投资额时，遵守环境保护法规并履行环境保护义务则成为企业的首选（Gray and Deily，1996）。简而言之，在新出台的污染物排放标准约束下，只有全面采用环保设备和环保技术，才是重污染企业获得合法性认同的必由之路。第二，绿色信贷政策使得重污染企业面临着愈加严格的融资约束。随着环境污染治理攻坚战的全面打响，国家陆续发布了有关绿色信贷政策，旨在通过优化信贷资源配置，引导和推动传统行业淘汰落后产能，加快产业转型升级的步伐。按照绿色信贷政策的有关要求，金融机构投放信贷资金时必须优先考虑符合环保法律法规和政策的企业，拒绝或严格控制向重污染企业发放贷款（苏冬蔚、连莉莉，2018）。这意味着在绿色信贷政策的融资惩罚效应下，重污染企业大多被贴上"黑色企业"的标签，面临着债权人撤资或拒绝贷款展期的困境，其获得信贷资源的难度会随之加大。在此背景下，重污染企业只有大力发展符合环保法律法规和政策的绿色投资项目，方可获得信贷资金的支持，才能破解"融资难""融资贵"的困局。第三，社会舆论和媒体的监督是会推动重污染企业增加环境治理投入的力度。空气污染影响人类健康的各个方面，例如，预期寿命（Pope et al.，2015）、婴儿存活率（Chay and Greenstone，2003）、认知能力等（Zhang et al.，2018）。因此，随着人们生活水平和环保认知的不断提升，以及网络信息技术的发展与普及，社会公众出于对自身权益的保护，往往对企业污染物向大气排放行为十分敏感，并会以环境质量监督者的积极姿态利用互联网等平台传递环保诉求信息。与此同时，媒体关于企业环境表现负面新闻报道对社会舆论的传播、发酵也会起到推波助澜的作用。这对政府环保部门加强环境监管、企业改善环境表现都具有积极意义。已有研究表明，来自社会公众的舆论压力是督促企业主动进行环境治理的重要力量（Anton et al.，2004），而网络等媒体的关注则会显著增加企业环保投入，进而促进企业履行环境保护责任（王云等，2017），并能有助于缓解空气污染（李欣等，2017）。基于上述分析，笔者提出如下研究假设：

H2-1：企业所在地空气污染越严重，重污染企业环境治理力度会越大。

（二）空气污染、产权性质与企业环境治理

产权性质的差异性是中国企业的基本特征之一，也是影响企业行为最为关键的因素。根据企业终极控制人是否为政府或者政府的派出机构，中国企业可分为国有企业与民营企业两类。中国的国有企业和民营企业在政企关系、责任负担、融资约束以及对国计民生的作用上都有着很大的差异（Li and Zhang，2010；刘瑞明，2012）。因此，从产权异质性的视角来看，国有企业环境治理的影响机制与民营企业相比可能有所不同。与民营企业相比，国有重污染企业环境治理的影响机制具有以下特点：第一，国有企业环境治理面临的政府干预程度更高。对企业行为实施政府干预是经济转型国家的普遍做法，也是谋求社会福利最大化的必要举措。由于国有企业的控股股东是政府及其派出机构，而国有企业主要高管人员的任免事实上也是由政府掌控，这就决定了国有企业的经济决策必然体现了政府的意志。较之于民营企业，政府通常会对国有企业直接下达环保指标，并进行严格的监督检查，这就环境保护的责任落在了国有企业的肩上，需要大规模的环保投资来履行环境保护与污染防治的责任（唐国平、李龙会，2013）。尤其是当污染防治上升到国家战略发展层面的高度时，国有企业环境保护责任的履行可能更加受制于政府的意志，甚至具有一定的强制性与指令性。第二，国有企业对环境合法性要求更敏感。如前文所述，为了治理空气污染等环境问题，国家陆续出台多项环保法律法规和政策，使得重污染企业面临的制度环境发生了深刻变化。与此同时，国资委于2008年初发布了《关于中央企业履行社会责任的指导意见》，并于2012年成立了"中央企业社会责任指导委员会"，旨在推动中央企业大力增强社会责任意识，使之成为中国企业履行环境保护等社会责任的主力军和引领者。环境保护是企业社会责任的重要组成部分。在中央企业履行社会责任行动示范效应下，各地方国资委也相应出台国有企业履行社会责任的指导意见，对属地国有企业履行社会责任提出具体要求。显然，在相同的制度环境中，国有企业要面对与其产权性质相关的更大的监管压力和更为严格的考核要求，对环境合法性的敏感度会高于民营企业。在此情境中，为了获得合法性认同，国有重污染企业可能会投入更多资金、采取更多措施用于环境保护。第三，国有企业的经营目标更多元。利益相关者理论认为，企业应同时遵守显性契约与隐性契约（North，1990）。当显性契约与隐性契约均不完善时，企业应积极履行社会责任，促使相关者利益最大化（吉利、苏朦，2016）。相对于民营企业而言，国有企业是一种既拥有经济目标又拥有非经济目标的特殊企业形态，其不仅追求经济上的稳定收益，也是作为政府参与和干预经济活动的一种工具，承担着诸如社会稳定、民生保障等非经济层面的责任（冯丽丽等，2011）。不可否认，国有企业经营目标的多元化，与企业利益相关者的利益诉求相契合，虽然对企业财务绩效的提升极易形成羁绊，但却赢得了良好的公众形象。在人们的意识里，国有企业一般都是"保障"和"信任"的象征（李月娥等，2018）。公众对国有企业所寄予的"国有为民"预期，可能也是推动国有重污染企业积极履行环境保护责任的重要力量。第四，国有企业环境治理的能力更强。相较于非国有企业，一般来说，国有企业规模更大、实力更强，金融机构更乐于向国有企业提供政策性信贷，国有企业面临的融资约束更低（张纯、吕伟，2007），因而会有更为充足的资金进行社会责任投资，且因履行社会责任而减少其他项目投资的可能性较低，即国有企业承担社会责任通常不会挤占盈利能力更强的项目投资额（全晶晶、李志远，2020），相应地，也就不会过多考虑因环境治理而拖累财务绩效问题。

应该指出，上述国有重污染企业环境治理影响机制的特点，不仅是国有重污染企业环境治理力度会大于民营重污染企业的原因所在，而且还决定了产权性质在空气污染与企业环境治理关系中所扮演的重要角色。众所周知，"外因是事物变化的条件，内因是事物变化的根据"，如果没有企业内部治理结构的衔接配合并将外部制度内化于决策行为中，再好的外部制度也难以发挥应有的作用。产权性质是企业内部治理结构中的核心要素，也是国家宏观经济政策影响微观企业行为过程中最为重要的传导机制。空气污染对企业行为的影响，其实质是制度环境对企业行为的影响。而面对同一制度环境，正是由于产权性质的差异才导致国有与民营重污染企业的环境治理动机与行为不尽相同。由此可见，无论是国家环保法律法规对重污染企业环境治理行为的驱动，以及绿色信贷政策对重污染企业实施绿色转型的引领，还是社会舆论和媒体关注等非正式制度对重污染企业环境行为的监督约束，都会因企业产权性质的差异而产生不同的经济后果。换而言之，在空气污染所引致的制度环境影响重污染企业环境治理行为的过程中，至少部分地通过产权性质的路径而发挥作用，即产权性质是空气污染对重污染企业环境治理行为产生影响的部分中介变量。基于上述分析，笔者提出如下研究假设：

H2-2：产权性质在空气污染对重污染企业环境治理行为的影响中发挥部分中介效应。

三、研究设计

（一）变量选取与模型设定

1. 变量选取

（1）企业环境治理（ENI）。为避免异方差现象，并避免变量之间的剧烈波动，笔者参考沈洪涛和周艳坤（2017）、信春华等（2018）、唐勇军和夏丽（2019）的做法，对企业当年的环保支出予以对数化处理来代表企业环境治理力度。

（2）空气污染程度（$SMOG$）。鉴于数据的可得性，笔者参考薛爽等（2017）、罗开艳和田启波（2019）的做法，采用企业所在城市当年每日空气质量指数的标准差来衡量空气污染程度，并对其进行对数化处理以消除量纲的影响。

（3）产权性质（$STATE$）。按照样本企业的实际控制人性质设置该虚拟变量，若样本企业的实际控制人为国有法人或各级政府则产权性质（$STATE$）取值为1；若样本企业的实际控制人为非国有法人则产权性质（$STATE$）取值为0。

（4）控制变量（$CONTROL$）。为了排除其他因素的干扰，笔者参考莱昂等（Leone et al.，2006）、马连福等（2013）、王红建等（2017）的做法，控制了公司规模（$SIZE$）、股权集中度（CON）、高管薪酬（$BONUS$）、独立董事比例（INR）、资产负债率（DAR）等变量，以及年份（$YEAR$）和行业（$INDUSTRY$）虚拟变量。

2. 模型设定

为了检验空气污染程度对企业环境治理的总体影响，笔者构建模型（2-1）如下：

$$ENI_{i,t} = \alpha_0 + \alpha_1 SMOG_{j,t} + \alpha_2 CONTROL_{i,t} + \varepsilon_{i,t} \qquad (2-1)$$

为了检验产权性质在空气污染对企业环境治理行为的影响中存在的中介效应，笔者借鉴巴罗和肯尼（Baron and Kenny，1986）的方法，在模型（2-1）的基础上构建模型（2-2）和模型（2-3）如下：

$$STATE_{i,t} = \beta_0 + \beta_1 SMOG_{j,t} + \beta_2 CONTROL_{i,t} + \mu_{i,t} \qquad (2-2)$$

$$ENI_{i,t} = \gamma_0 + \gamma_1 SMOG_{j,t} + \gamma_2 STATE_{i,t} + \gamma_3 CONTROL_{i,t} + \varphi_{i,t} \qquad (2-3)$$

在上述模型中，$SMOG_{j,t}$代表企业所在城市 j 在 t 时期的空气污染程度；$STATE_{i,t}$代表企业 i 在 t 时期的产权性质；$ENI_{i,t}$代表企业 i 在 t 时期的环境治理力度；$CONTROL_{i,t}$代表控制变量，具体包括公司规模（$SIZE$）、股权集中度（CON）、高管薪酬（$BONUS$）、独立董事比例（INR）、资产负债率（DAR），以及年份（$YEAR$）和行业（$INDUSTRY$）等变量。变量的定义如表 2 – 1 所示。

表 2 – 1　　　　　　　　　　变量及其定义表

变量类型	变量名称	变量符号	变量定义
主要变量	空气污染程度	$SMOG$	企业所在地当年每日空气质量指数的标准差加 1 取自然对数
	产权性质	$STATE$	第一大股东为国有股 =1，否则 =0
	企业环境治理	ENI	企业当年环保支出加 1 取自然对数
控制变量	公司规模	$SIZE$	企业的期末总资产额的自然对数
	股权集中度	CON	企业第一大股东的持股比例
	高管薪酬	$BONUS$	企业高管人员薪酬数前三位薪酬总和的自然对数
	独立董事比例	INR	独立董事人数/董事会人数
	资产负债率	DAR	总负债/总资产
	年份	$YEAR$	年度虚拟变量
	行业	$INDUSTRY$	行业虚拟变量

（二）样本与数据来源

因中国各地的气象部门在 2014 年开始使用空气质量指数（AQI）作为空气质量评价指标，为保证计算空气污染程度口径的一致性，故笔者所衡量的空气污染程度所使用的数据为 2014 ~ 2019 年的中国各城市空气质量指数（AQI）。为保证一致性，与空气质量数据相匹配的企业数据亦选取 2014 ~ 2019 年沪深 A 股重污染行业上市公司的数据。重污染行业是依据原环保部于 2008 年所发布的《上市公司环保核查行业分类管理目录》来界定的，并依据该目录来选取样本公司。主要变量中企业环境治理数据主要取自上市公司年度财务报告中报表附注里的"在建工程""管理费用""税金及附加"等项目中与环保有关的支出数，即将资本性环保支出与费用性环保支出予以相加，从而得到企业当年的环保支出额。笔者以企业所在城市的空气质量指数来衡量企业所在地的空气污染程度，并根据数据的可获得性及研究需要，对样本按下列原则进行筛选：第一，剔除上市时间短于样本期6年的公司；第二，剔除被特别处理的公司即 ST、*ST 公司；第三，剔除财务指标缺失的公司。最终得到符合筛选标准的 377 家上市公司样本，2262 个年度观测值。城市空气质量指数（AQI）、企业环保支出、产权性质（STATE）、总资产额、股权集中度（CON）、高管薪酬（BONUS）、独立董事比例（INR）、资产负债率（DAR）等数据均从国泰安 CSMAR 数据库采集。

四、实证分析

（一）描述性统计

1. 变量描述性统计分析

选取变量的描述性统计如表 2-2 所示。

表 2-2　　　　　　变量的描述性统计（N=2262）

变量	最小值	最大值	均值	标准差
SMOG	0	4.5081	3.0286	0.4799
STATE	0	1	0.5358	0.4987
ENI	0	21.9359	11.0954	7.2618
SIZE	19.9780	26.5819	22.7077	1.1873
CON	0.0360	0.8384	0.3670	0.1507
BONUS	12.0000	18.0490	14.3741	0.7374
INR	0.3333	0.6667	0.3785	0.0591
DAR	0.0106	0.9957	0.4550	0.1966

从表 2-2 可以看出，空气污染程度（SMOG）的最大值为 4.5081，均值

为3.0286，标准差为0.4799，表明有的样本公司所在地出现极端天气，空气质量较差，为重度污染，而大部分样本公司所在地的空气质量则为良好；产权性质（*STATE*）的均值为0.5358，标准差为0.4987，也就是说，样本中国有控股性质的公司略多；企业环境治理（*ENI*）的最大值为21.9359，最小值为0，均值为11.0954，标准差为7.2618，表明各企业环境治理力度差别较大，且大多数样本公司能够履行一定的环境保护责任；公司规模（*SIZE*）的均值为22.7077，标准差为1.1873，表明样本公司的总资产额相差较大；股权集中度（*CON*）均值为0.3670，标准差为0.1507，表明大多数样本公司的第一大股东持股比例普遍较高，拥有绝对的话语权；高管薪酬（*BONUS*）的均值为14.3741，标准差为0.7374，表明各企业高管人员的薪酬差距不大；独立董事比例（*INR*）均值为0.3785，最小值为0.3333，最大值为0.6667，表明样本公司均已达到相关法规的要求，即聘用的独立董事人数占到了董事会人数的1/3以上；资产负债率（*DAR*）均值为0.4550，标准差为0.1966，表明大多数样本公司举债程度较为合理，长期偿债能力较强。

2. 不同产权性质（*STATE*）下企业环境治理（*ENI*）差异分组检验

为了解不同产权性质的企业环境治理（*ENI*）是否有差异，笔者对企业环境治理（*ENI*）在不同产权性质下分组进行描述性统计分析并进行了 T 检验、K-S 检验和 M-W 检验，按产权性质（*STATE*）分类的企业环境治理（*ENI*）描述性统计及不同产权性质（*STATE*）下企业环境治理（*ENI*）差异分组检验结果如表2-3所示。

表2-3　　不同产权性质（*STATE*）下企业环境治理（*ENI*）差异分组检验

国有企业（*STATE*=1）			非国有企业（*STATE*=0）		
统计量	均值	标准差	统计量	均值	标准差
202	12.2016	6.9159	175	9.8185	7.4399
T 检验		K-S 检验		M-W 检验	
F 值	显著性	Z 值	显著性	Z 值	显著性
75.5130	0.0000	11.6590	0.0000	-9.3570	0.0000

由表2-3可知，国有企业环境治理（*ENI*）均值为12.2016，高于非国

有企业环境治理（ENI）均值 9.8185。T 检验的 F 值为 75.5130，且相伴概率 0.0000 小于显著性水平 0.05，这表明两总体的方差具有非齐次性，两组样本并非来自同一总体。K-S 检验的 Z 值为 11.6590，相伴概率为 0.0000；M-W 检验的 Z 值为 −9.3570，相伴概率为 0.0000，即 K-S 检验和 M-W 检验的相伴概率均小于显著性水平 0.05。由此可见，这两组企业环境治理（ENI）数据具有显著差异，企业环境治理（ENI）因企业的产权性质（STATE）不同而有显著差异，且国有企业比非国有企业的环境治理（ENI）力度更大。

（二）Pearson 相关性检验

变量的 Pearson 相关系数检验如表 2 - 4 所示。

表 2 - 4 　　　　　　　　　　　Pearson 相关性检验

变量	SMOG	STATE	ENI	SIZE	CON	BONUS	INR	DAR
SMOG	1							
STATE	0.0890***	1						
ENI	0.1230***	0.1640***	1					
SIZE	0.0990***	0.2560***	0.2480***	1				
CON	0.0680***	0.2200***	0.1190***	0.3540***	1			
BONUS	−0.0220	−0.0260	−0.0430**	0.2930***	0.0420**	1		
INR	0.0450**	0.0210	−0.0570***	0.0420**	0.0620***	0.0420**	1	
DAR	0.0830***	0.1690***	0.1830***	0.4360***	0.0630***	−0.0450**	−0.0110	1

注：***、** 和 * 分别表示在 1%、5% 和 10% 的水平上显著（双尾检验）。

表 2 - 4 的 Pearson 相关性检验的结果显示，前文所列示的各变量之间的相关系数小于 0.5，这表明笔者所设定模型的多重共线性问题较小。空气污染程度（SMOG）与企业环境治理（ENI）在 1% 的水平上显著相关，相关系数为 0.1230；产权性质（STATE）与企业环境治理（ENI）在 1% 水平上显著相关，相关系数为 0.1640。因此，需进一步检验主要变量之间的因果关系。

（三）实证结果分析

空气污染程度、产权性质与企业环境治理关系的回归分析结果如表2-5所示。

表2-5　　　空气污染程度、产权性质与企业环境治理的回归结果

解释变量	模型（2-1） 被解释变量 ENI	模型（2-2） 被解释变量 STATE	模型（2-3） 被解释变量 ENI
常数项	-12.5950 *** （-3.2000）	-0.5340 * （-1.961）	-12.1130 *** （-3.081）
SMOG	1.9300 *** （5.4890）	0.0560 ** （2.2870）	1.8790 *** （5.3490）
STATE			0.9020 *** （2.9560）
SIZE	1.1640 *** （7.2610）	0.0600 *** （5.3990）	1.1100 *** （6.8920）
CON	1.4750 （1.4030）	0.3030 *** （4.1700）	1.2010 （1.1400）
BONUS	-0.6720 *** （-3.1510）	-0.0410 *** （-2.7540）	-0.6350 *** （-2.9800）
INR	-8.2940 *** （-3.3950）	0.1180 （0.6980）	-8.4010 *** （-3.4450）
DAR	1.3720 （1.6130）	0.0780 （1.3210）	1.3020 （1.5330）
YEAR	控制	控制	控制
INDUSTRY	控制	控制	控制
观测值	2262	2262	2262
F 值	19.2070	17.6600	18.8680
调整 R^2	0.1680	0.1560	0.1710

注：*** 、** 和 * 分别表示在1%、5%和10%的水平上显著（双尾检验）；括号内的数值代表 T 值。

表 2-5 的回归结果中，模型（2-1）和模型（2-3）都是以企业环境治理（ENI）为被解释变量，模型（2-1）是以空气污染程度（SMOG）为解释变量，模型（2-3）同时以空气污染程度（SMOG）和产权性质（STATE）为解释变量；模型（2-2）是以产权性质（STATE）为被解释变量，空气污染程度（SMOG）为解释变量。模型（2-1）、模型（2-2）和模型（2-3）均控制了公司规模（SIZE）、股权集中度（CON）、高管薪酬（BONUS）、独立董事比例（INR）、资产负债率（DAR），以及年份（YEAR）和行业（INDUSTRY）虚拟变量等变量，并选取 2014~2019 年的 377 家上市公司数据为样本而进行的回归分析。模型（2-1）的回归结果显示，空气污染程度（SMOG）与企业环境治理（ENI）在 1% 的水平上显著正相关，相关系数为 1.9300，即企业所在地空气污染程度（SMOG）越高，企业环境治理（ENI）力度会越大，假设 H2-1 得到了验证。这表明，随着空气污染程度的加剧，重污染企业能够在一定程度上积极承担环境保护责任，增加环境治理方面的支出。为验证产权性质（STATE）的中介效应，笔者在模型（2-1）的基础上继续用模型（2-2）进行检验。模型（2-2）的回归结果显示，空气污染程度（SMOG）与产权性质（STATE）在 5% 的水平上显著正相关，相关系数为 0.0560。这表明，需进一步检验空气污染程度（SMOG）、产权性质（STATE）同时在模型中对企业环境治理（ENI）的影响。模型（2-3）的回归结果显示，空气污染程度（SMOG）与企业环境治理（ENI）在 1% 的水平上显著正相关，相关系数为 1.8790；产权性质（STATE）与企业环境治理（ENI）在 1% 的水平上显著正相关，相关系数为 0.9020。

通过模型（2-1）、模型（2-2）和模型（2-3）的回归结果可知，空气污染程度（SMOG）的系数均显著为正，且在模型（2-3）中的产权性质（STATE）的系数也显著为正，不仅如此，在模型（2-3）中空气污染程度（SMOG）系数的绝对值 1.8790 小于模型（2-1）中空气污染程度（SMOG）系数的绝对值 1.9300。由此可知，产权性质（STATE）在空气污染程度（SMOG）与企业环境治理（ENI）之间发挥了部分中介效应，假设 H2-2 得到验证。

（四）稳健性检验

为验证前文所提出的研究假设以及克服模型内生性问题，笔者使用工具变量法来进行稳健性检验。在模型（2-1）、模型（2-2）和模型（2-3）中均加入样本公司所在地每年平均相对湿度（HUMIDITY）这一工具变量（该指标取自国泰安 CSMAR 数据库），并进行两阶段最小二乘法（2SLS）回归。这样做的理由是，当地区的相对湿度（HUMIDITY）较高时通常会加重空气污染，但它不会直接影响到企业环境治理行为（ENI），更不会影响到企业的产权性质（STATE），因此，样本公司所在地相对湿度（HUMIDITY）可以作为模型（2-1）、模型（2-2）和模型（2-3）的工具变量。加入工具变量的回归分析如表2-6所示。

表 2-6 加入工具变量的回归结果

解释变量	模型（2-1）	模型（2-2）	模型（2-3）
	被解释变量 ENI	被解释变量 STATE	被解释变量 ENI
常数项	-25.3410 *** (-4.9720)	-0.5770 * (-1.685)	-24.9180 *** (-4.880)
SMOG	5.9710 *** (5.7100)	0.0690 ** (0.9870)	5.9200 *** (5.6550)
STATE			0.733 ** (2.313)
CONTROL	控制	控制	控制
YEAR	控制	控制	控制
INDUSTRY	控制	控制	控制
观测值	2262	2262	2262
F 值	18.3010	17.4870	18.0050
调整 R^2	0.1610	0.1540	0.1640

注：*** 、** 和 * 分别表示在1%、5%和10%的水平上显著（双尾检验）；括号内的数值表示 T 值。

由表2-6可知，空气污染程度（SMOG）的系数在模型（2-1）、模型（2-2）和模型（2-3）中均显著为正，而且在模型（2-3）中空气污染程度（SMOG）的系数的绝对值为5.9200，小于在模型（2-1）中空气污染程度（SMOG）的系数的绝对值5.9710，在模型（2-3）中产权性质（STATE）

的系数也显著为正。这表明，在加入工具变量后的回归结果中，空气污染程度（SMOG）与企业环境治理行为（ENI）显著正相关，且产权性质（STATE）在空气污染程度（SMOG）与企业环境治理行为（ENI）之间发挥部分中介效应。显然，前文的假设得到进一步的验证。

五、结论性评述

笔者以2014～2019年沪深A股377家重污染行业上市公司数据为样本，实证检验空气污染、产权性质与企业环境治理行为之间的关系。研究结果表明：第一，企业所在地空气污染程度越重，重污染企业环境治理力度会越大；第二，产权性质在空气污染对重污染企业环境治理行为的影响中发挥部分中介效应。

本部分研究结论具有一定的启示意义：第一，鉴于空气污染所引致的制度环境变化是驱动重污染企业加大环境治理力度的主要因素，因此，进一步完善环保法律法规和政策，使之既要约束企业的污染行为，又要激励企业进行绿色研发、绿色投资，已成为环保制度建设的当务之急。具体而言，我国应对重污染企业环境治理给予相应的政府补贴及减免税等优惠政策，以便充分调动企业环境治理的积极性。第二，资金是企业的"血液"，也是重污染企业环境治理的物质基础，银行等金融机构应将重污染企业的环保投资项目纳入绿色信贷支持范围，以助力企业尤其是民营重污染企业破解"钱荒"困局，提升环境治理的能力，加快绿色转型的进程。第三，随着人们生活水平的提高，企业的污染物排放行为已成为公众最为关注的焦点问题，为此，重污染企业不仅要做好环境信息披露工作，还应建立舆情管理长效机制，以便密切关注舆论动态，重视公众环保诉求，并通过官方指定媒体积极回应利益相关者关切的环境问题，规避因环境表现的负面舆论而引发的企业声誉风险。第四，企业环境治理具有典型的"利他重于利己"特征，为了推动企业积极履行环境保护责任，改善环境表现，一方面，要大力推广国有企业社会责任文化建设的成功经验，充分发挥国有企业在生态文明建设中的示范引领作用，另一方面，也要建立和完善遏制民营企业自利行为的制衡机制，使其在利己的决策行为中融入更多的利他目标。

空气污染对企业尤其是重污染企业的影响还要涉及许多方面，如企业成长、企业价值、企业创新能力等，后续对这些问题展开研究无疑是一项紧迫而重要的工作。

第二节　高管家乡认同与企业环保资产投资

一、问题的提出

近年来，随着人们生活水平的不断提高和环保意识的逐步增强，社会各界对环境质量和企业履行环境保护责任问题日益关注，企业环保投资亦相应成为社会聚焦的热点议题。已有相关研究的结果表明，企业环保投资的影响因素来自诸多方面。例如，环境规制（Henriques and Sadorsky，1996；唐国平等，2013；李月娥等，2018）、产权性质（唐国平、李龙会，2013；李月娥等，2018）、舆论监督（沈洪涛、冯杰，2012；王云等，2017）、高管特征（胡珺等，2017；张琦等，2019）等。同时，多数学者认为，企业的环保投资行为具有正向的经济后果，既可以树立企业良好形象（Sueyoshi and Wang，2014）、降低企业融资成本（Brammer and Millington，2005；El Ghoul et al.，2011），又能有助于企业长期财务绩效的提升（Hart and Ahuja，1996；Naka-mura，2011；Lee et al.，2015；唐国平等，2018；李百兴等，2018），以及规避国外对华反生态倾销风险（迟铮，2019）和改善经济增长质量（刘锡良、文书洋，2019）等。然而，经文献梳理不难看出，已有研究对企业环保投资中的环保资本支出和环保税费支出并未加以严格区分，且大多基于正式制度的视角来讨论企业环保投资的影响因素，但事实上，环保资本支出与环保税费支出是两类性质不同的支出。前者属于资本性支出，其资本化的结果形成环保资产，故亦称环保资产投资；后者则属于收益性支出，其费用化的结果计入当期损益，故亦称环保费用。两类支出不仅对于企业的价值创造、绩效提升，以及绿色转型的作用不同，而且对于正式制度的敏感度可能也存在较大的差异。有鉴于此，笔者拟就正式制度和非正式制度的双重视角对污染类企业环保资产投资的影响因素展开研究，即试图回答以下问题：第一，环保法律法规等正式制度是如何影响污染类企业的环保资产投资行为？第二，高管家乡认同这一非正式制度因素是否会有助于污染类企业加大环保资产投资力度？

笔者可能的贡献可以概括为：第一，已有文献鲜有关注企业环保资产投资的影响因素，笔者基于正式制度和非正式制度的双重视角对污染类企业环保资产投资的影响因素进行研究，这对已有文献是有益的补充；第二，笔者分别揭示了环境质量和高管家乡认同对污染类企业环保资产投资的影响机制，丰富了相关领域的研究；第三，笔者根据研究结论所提出的政策性建议，可供政府有关部门和污染类企业环境治理决策的参考。

二、理论分析与研究假设

（一）环境质量与企业环保资产投资

改革开放 40 多年以来，中国经济增速迅猛，国力日渐强盛，人民安居乐业，生活日益富裕。按照马斯洛需求层次理论，当人们温饱等较低层次的需求得到满足之后，便会产生诸如良好生活环境等更高层次的需求。尤其是在环境问题已经严重影响中国的经济增长质量、大众健康和政府形象的当下，社会各界对企业的污染行为及其控制问题会愈加关注。企业是市场的核心角色，其为社会提供商品或劳务的同时，也在耗费和损害环境资源。数据显示，超过 80% 的环境污染物产生于企业，企业已然成为环境污染的主要制造者（沈红波等，2012）。因此，为了改善环境质量，满足人们对美好生活的需求，企业尤其是污染类企业应切实履行环境保护责任、控制污染行为。

企业履行的环境保护责任分为自愿性和强制性两种类型。企业环保资产投资是企业自愿性履行环境保护责任的环境治理行为，主要包括企业发生的环保设备与技术的研发、购买和改造等支出行为。而企业按照法律法规的规定所支付的各项环保税费则是企业强制性履行环境保护责任的环境治理行为。企业环保资产是企业绿色转型的物质基础，其规模和质量既决定了企业环境治理的能力，也关系到企业的生存与发展，更会对整个经济的增长质量产生至关重要的影响。显然，企业尤其是污染类企业的环保资产投资不是"应该与否"的问题，而是"应如何加大力度"的问题。相应地，以环境质量为出发点来探索和研究污染类企业环保资产投资的影响因素无疑是一项极具价值的工作。

已有关于企业环保投资影响因素的研究，之所以未严格区分环保资产投资和环保税费支出，可能是基于以下逻辑：随着企业所属地区环境质量的日趋恶化，国家及地方政府会出台更为严厉的环保法律法规和政策，以约束企业的环境行为，这不仅使得企业环保税费支出相应增加，也会促进企业加大环保资产投资力度。然而，笔者认为，由于以下原因，企业环保资产投资对环保法律法规等正式制度变化可能不具有正向敏感性反应。第一，企业环保资产投资属于企业的自主投资行为，一般说来，该项投资"投与不投"以及"投多投少"完全由企业自行决定，即环保法律法规等正式制度对此不具有类似于环保税费的强制性约束效力。第二，趋利性是企业最基本的特征，面对环保资产投资不但短期内难以产生直接的经济效益（Orsato，2006），而且还会因环保设施和技术的购入与研发拖累企业利润的增长，进而增加企业经营风险（Arouri et al.，2012）等不利因素，大多企业对该项投资可能会倾向于风险规避的行为方式。第三，国家陆续出台的绿色信贷政策，要求金融机构投放信贷资金时必须优先考虑符合环保法律法规和政策的企业，拒绝或严格控制向重污染企业发放贷款（苏冬蔚、连莉莉，2018）。这意味着污染类企业大多属于绿色信贷政策的"融资惩罚"对象，其面临的"融资难"和"融资贵"困境，对于原本就捉襟见肘的企业资金面无异于雪上加霜。很难想象，一个失去信贷资金支持的企业会有充足的资金用于环保资产投资。第四，新古典经济学派认为，企业环境治理对社会具有正外部效应，但会给企业带来额外的私人成本，在激励机制不完善的情况下，私人的收益小于社会收益，企业环境治理产生的成本得不到补偿，由此会降低企业环境治理的积极性。尤其是环境质量越差的地区，改善环境质量的难度越大，越会出现企业之间的"相互推诿"和"搭便车"甚至于"破罐子破摔"的情况（吉利、苏朦，2016）。基于上述分析，笔者提出如下研究假设：

H2-3：企业所在地环境质量越差，污染类企业环保资产投资的力度会越小。

（二）高管家乡认同与企业环保资产投资

新制度经济理论认为，在正式制度之外，非正式制度也是约束微观个体和企业行为的重要力量（North，1990）。非正式制度一般由宗教、文化、习俗和传统等要素组成（胡珺等，2017），是根植于人们内心深处并得到社会普遍认可的行为规范。已有研究表明，媒体报道（沈洪涛、冯杰，2012；王云等，2017）、传统文化（毕茜等，2015）和公众压力（郑思齐等，2013）等非正式制度的因素，都会对企业环境治理行为产生积极的影响。

家乡认同亦称家乡情怀，属于传统文化的范畴，通常是指人们在生活和成长过程中对其家乡所形成的热爱和依恋的情结。家乡认同可以影响人们对生态环境保护的态度与约束污染的行为（Tuan，1974；Vaske and Kobrin，2001；Carrus et al.，2005；Hernandez et al.，2010）。对于企业高管而言，不论其身在何方，都会有程度不同的家乡认同，但考虑到高管在企业决策中的话语权，以及高管任职企业的行为对高管家乡发展的影响力等因素，笔者将企业注册地与企业主要高管人员（董事长和总经理）出生地一致的情形界定为"高管家乡认同"。笔者认为，由于以下原因，企业高管的家乡认同，会对企业环保资产投资行为产生积极的推动作用。第一，家乡认同会增强企业高管对家乡环境保护的责任感和使命感。受几千年儒家思想和传统文化的影响，中国是一个家乡情怀极为浓厚的国家（胡珺等，2017），"达者兼济天下"等传统观念更是左右着人们的价值观。对于在家乡任职的企业高管而言，让家乡变得更美可能是其童年的梦想，如今在事业有成并有能力回报社会之际，浓厚的家乡情怀更会使得企业高管在投资决策中始终将环境保护目标放在首位。第二，家乡认同会抑制企业高管以牺牲环境为代价牟取经济利益的利己心态。尽管"理性人"假设强调高管人员会以追求利润最大化为目标（Hambrick and Mason，1984），但环境心理学则认为，人们对家乡产生的依恋之情也会影响到高管的决策（Kyle et al.，2005），使之有意识或潜意识地将自身融入家乡的环境中（Ratter and Gee，2012），从而最大限度减少破坏环境的逐利行为，甚至可能将更多的资源用于环保资产投资，以保护家乡环境。即家乡认同可能会激发企业高管对家乡的情感表达，使之在面临环境绩效与经济绩效的选择时，会更多地选择前者而放弃后者。第三，家乡认同会使企业高管面临更大的来自关系群体的压力。中国是一个关系型社会（Bardhan and Mookherjee，2006；聂辉华、蒋敏杰，2011），每个人的行为都会受到其关系群体的影响。按照社会心理学理论的观点，人地间的依恋关系不仅具有地理层面的意义，更是集人文、社会、心理等多方面价值的综合体，会与个体所处的多方关系形成紧密的联结。在家乡任职的企业高管，其家乡认同不仅涉及对家乡环境的偏爱，还包括与家族、朋友等关系群体的感情，且这种感情往往随着时间推移而更加强烈。当企业的污染行为对家乡的环境造成破坏时，不仅会使高管本身感到自责和愧疚，还可能遭受来自家族、朋友甚至更为广泛的关系群体的指责。因而，来自家乡关系群体的压力也会促使高管人员以更高的标准对企业行为进行约束，进而推动企业更多履行自愿性环境保护责任。基于上述分析，笔者提出如下研究假设：

H2－4：高管家乡认同会有助于污染类企业加大环保资产投资力度。

（三）高管家乡认同对环境质量与企业环保资产投资关系的影响

中共十八大以来，为了治理严峻的环境污染问题，我国陆续出台一系列环保法律法规等正式制度，使得企业的制度环境发生了重大变化，这对于推动污染类企业加大环境治理力度、实施绿色转型，以及提高环境和经济增长的质量无疑具有重要作用。然而，囿于正式制度的局限性，现行环保法律法规和政策对污染类企业环保资产投资行为可能在某些方面并不具有人们所期望的正向驱动作用。显然，要充分调动污染类企业环保资产投资的积极性，还必须依靠正式制度和非正式制度的双重作用。而作为非正式制度因素的高管家乡认同，不仅能激发高管人员对家乡环境保护的责任感和使命感，还能抑制高管人员以牺牲环境为代价的趋利动机和行为。因此，笔者预期，高管家乡认同会抑制环境质量对企业环保资产投资的负向影响，即在环境质量与污染类企业环保资产投资的关系中，高管家乡认同可能会起到反向调节作用。基于上述分析，笔者提出如下研究假设：

H2－5：高管家乡认同在环境质量与污染类企业环保资产投资的关系中会具有反向调节作用。

三、研究设计

（一）变量选取与模型设定

1. 变量选取

（1）环境质量（*AQI*）。鉴于数据的可得性，笔者参考薛爽等（2017）的做法，采用企业所在城市当年每日空气质量指数的标准差来度量环境质量，并对其进行对数化处理以消除量纲的影响。

（2）高管家乡认同（*HOME*）。借鉴胡珺等（2017）的方法，笔者以董事长和总经理的出生地与企业注册地是否一致来衡量高管家乡认同。如果董事长或总经理的出生地与其所任职企业的注册地相一致，则认为企业高管对该地区具有家乡认同。

（3）企业环保资产投资（*ECI*）。参考吉利和苏朦（2016）的做法，笔者以企业当年新增环保在建工程额来度量企业环保资产投资，并予以对数化处理来尽可能地消除异方差以及避免变量之间的剧烈波动。

（4）控制变量。为了排除其他因素的干扰，笔者参考莱昂等（Leone et al.，2006）、唐国平等（2013）、王红建等（2017）、沈宇峰等（2019）的做法，控制了产权性质（*STATE*）、公司规模（*SIZE*）、股权集中度（*CON*）、高管薪酬（*BONUS*）、独立董事比例（*INR*）、净资产收益率（*ROE*）、资产负债率（*DAR*）、年份（*YEAR*）及行业（*INDUSTRY*）等变量。

2. 模型设定

为检验环境质量、高管家乡认同对企业环保资产投资的影响，笔者借鉴胡珺等（2017）的方法分别构建模型如下：

$$ECI_{i,t} = \alpha_0 + \alpha_1 AQI_{j,t} + \alpha_2 CONTROL_{i,t} + YEAR_t$$
$$+ INDUSTRY_i + \delta_{i,t} \qquad (2-4)$$

$$ECI_{i,t} = \beta_0 + \beta_1 HOMED_{i,t} + \beta_2 CONTROL_{i,t} + YEAR_t$$
$$+ INDUSTRY_i + \varepsilon_{i,t} \qquad (2-5)$$

$$ECI_{i,t} = \chi_0 + \chi_1 HOMEM_{i,t} + \chi_2 CONTROL_{i,t} + YEAR_t$$
$$+ INDUSTRY_i + \varphi_{i,t} \qquad (2-6)$$

$$ECI_{i,t} = \theta_0 + \theta_1 AQI_{j,t} + \theta_2 HOMED_{i,t} + \theta_3 AQI_{j,t} \times HOMED_{i,t}$$
$$+ \theta_4 CONTROL_{i,t} + YEAR_t + INDUSTRY_i + \eta_{i,t} \qquad (2-7)$$

$$ECI_{i,t} = \kappa_0 + \kappa_1 AQI_{j,t} + \kappa_2 HOMEM_{i,t} + \kappa_3 AQI_{j,t} \times HOMEM_{i,t}$$
$$+ \kappa_4 CONTROL_{i,t} + YEAR_t + INDUSTRY_i + \mu_{i,t} \qquad (2-8)$$

在上述模型中，$AQI_{j,t}$代表企业所在城市 j 在 t 时期的环境质量；$HOMED_{i,t}$代表企业 i 在 t 时期的董事长家乡认同；$HOMEM_{i,t}$代表企业 i 在 t 时期的总经理家乡认同；$ECI_{i,t}$代表企业 i 在 t 时期的环保资产投资；$CONTROL_{i,t}$代表控制变量，具体包括产权性质（*STATE*）、公司规模（*SIZE*）、股权集中度（*CON*）、高管薪酬（*BONUS*）、独立董事比例（*INR*）、净资产收益率

（*ROE*）、资产负债率（*DAR*）和年份（*YEAR*）、行业（*INDUSTRY*）等变量。模型（2-4）用以检验环境质量（*AQI*）对企业环保资产投资（*ECI*）的影响，即检验假设 H2-3 是否成立。模型（2-5）和模型（2-6）用以分别检验董事长家乡认同（*HOMED*）和总经理家乡认同（*HOMEM*）对企业环保资产投资（*ECI*）的影响，即检验假设 H2-4 是否成立。模型（2-7）是在模型（2-4）的基础上分别加入董事长家乡认同（*HOMED*）、环境质量（*AQI*）与董事长家乡认同（*HOMED*）的交乘项（*AQI* × *HOMED*），模型（2-8）是在模型（2-4）的基础上分别加入总经理家乡认同（*HOMEM*）、环境质量（*AQI*）与总经理家乡认同（*HOMEM*）的交乘项（*AQI* × *HOMEM*），即用模型（2-7）和模型（2-8）来检验假设 H2-5 是否成立。变量的定义如表 2-7 所示。

表 2-7　　　　　　　　　　　变量及其定义

变量类型	变量名称		变量符号	变量定义
主要变量	环境质量		*AQI*	企业所在地当年每日空气质量指数的标准差加 1 取自然对数
	高管家乡认同	董事长家乡认同	*HOMED*	当董事长的出生地与其任职企业的注册地相一致时，*HOMED* =1，否则为 0
		总经理家乡认同	*HOMEM*	当总经理的出生地与其任职企业的注册地相一致时，*HOMEM* =1，否则为 0
	企业环保资产投资		*ECI*	企业当年新增环保工程额的自然对数
控制变量	产权性质		*STATE*	第一大股东为国有股 =1，否则 =0
	公司规模		*SIZE*	企业的期末总资产额的自然对数
	股权集中度		*CON*	企业第一大股东的持股比例
	高管薪酬		*BONUS*	企业高管人员薪酬数前三位薪酬总和的自然对数
	独立董事比例		*INR*	独立董事人数/董事会人数
	净资产收益率		*ROE*	净利润/净资产
	资产负债率		*DAR*	总负债/总资产
	年份		*YEAR*	年度虚拟变量
	行业		*INDUSTRY*	行业虚拟变量

（二）样本与数据来源

因中国各地的气象部门在 2014 年开始使用空气质量指数作为空气质量评价指标，为保证计算各城市环境质量口径的一致性，故笔者所衡量的环境质量所使用的数据为 2014～2019 年的中国各城市空气质量指数。为保证一致性，与空气质量数据相匹配的企业数据亦选取 2014～2019 年沪深 A 股污染类企业的数据。笔者界定污染类企业的依据是证监会 2012 年修订的《上市公司行业分类指引》。主要变量中企业环保资产投资（ECI）数据主要取自上市公司年度报告中财务报表里的"在建工程"附注，并手工搜集与污水处理、脱硫除尘、废气处理、回收与循环利用等环保相关的项目，即将资本性环保支出作为企业当年的环保资产投资额。主要变量中董事长家乡认同和总经理家乡认同数据主要取自国泰安上市公司高管个人资料、新浪财经人物及百度搜索，即通过阅读董事长和总经理的个人信息简介来获取其出生地信息，并将之与公司注册地做比对来衡量高管家乡认同。笔者以企业所在城市的空气质量指数来衡量企业所在地的环境质量（AQI），并根据数据的可获得性及研究需要，对样本按下列原则进行筛选：第一，剔除上市时间短于样本期 6 年的公司；第二，剔除被特别处理的公司即 ST、*ST 公司；第三，剔除财务指标缺失的公司。最终得到符合筛选标准的 429 家上市公司样本，2574 个年度观测值。城市环境质量（AQI）、企业"在建工程"附注、产权性质（STATE）、公司总资产额、股权集中度（CON）、高管薪酬（BONUS）、独立董事比例（INR）、净资产收益率（ROE）、资产负债率（DAR）等数据均从国泰安CSMAR 数据库采集。

四、实证分析

（一）描述性统计

变量的描述性统计如表 2 -8 所示。

表 2 - 8　　　　　　　　变量的描述性统计（N = 2574）

变量	最小值	最大值	均值	标准差
AQI	1.9459	4.3110	3.0678	0.4477
HOMED	0	1	0.6628	0.4728
HOMEM	0	1	0.6566	0.4749
ECI	0	23.1765	4.9232	7.7710
STATE	0	1	0.5781	0.4939
SIZE	18.8392	27.0987	22.6570	1.3758
CON	0.0339	0.8909	0.4021	0.1616
BONUS	8.0392	18.3004	14.2947	0.8409
INR	0.3333	0.6667	0.3724	0.0538
ROE	- 0.8876	0.7415	0.0707	0.1648
DAR	0.0208	0.9890	0.0456	0.3003

从表 2 - 8 可以看出，环境质量（AQI）的最大值为 4.3110，均值为 3.0678，标准差为 0.4477，表明有的样本公司所在地出现极端天气，空气质量较差，为重度污染，而大部分样本公司所在地的空气质量则为良好；董事长家乡认同（HOMED）的均值为 0.6628，标准差为 0.4728，表明样本公司中董事长的家乡和所任职公司的注册地相一致的情况较多；总经理家乡认同（HOMEM）的均值为 0.6566，标准差为 0.4749，表明样本公司中总经理的家乡和所任职公司的注册地相一致的情况亦较多；企业环保资产投资（ECI）的最大值为 23.1765，最小值为 0，均值为 4.9232，标准差为 7.7710，表明各企业环保资产投资差别较大，且大多数样本公司主动增加环保资产投资的意愿并不强；产权性质（STATE）的均值为 0.5781，标准差为 0.4939，表明样本中国有控股性质的公司略多；公司规模（SIZE）的均值为 22.6570，标准差为 1.3758，表明样本公司的总资产额相差较大；股权集中度（CON）均值为 0.4021，标准差为 0.1616，表明大多数样本公司的第一大股东持股比例普遍较高，拥有绝对的话语权；高管薪酬（BONUS）的均值为 14.2947，标准差为 0.8409，表明各企业高管人员薪酬有一定的差距；独立董事比例（INR）均值为 0.3724，最小值为 0.3333，最大值为 0.6667，表明样本公司

均已达到相关法规的要求，即聘用的独立董事人数占到了董事会人数的 1/3 以上；净资产收益率（ROE）的均值为 0.0707，标准差为 0.1648，表明大多数样本公司盈利情况并非很乐观；资产负债率（DAR）均值为 0.0456，标准差为 0.3003，表明大多数样本公司举债程度较为合理，长期偿债能力较强。

（二）Pearson 相关性检验

Pearson 相关系数检验显示，前文所列示的各变量之间的相关系数小于 0.4，这表明前文所设定模型的多重共线性问题较小。不仅如此，主要变量环境质量（AQI）与企业环保资产投资（ECI）、董事长家乡认同（HOMED）与企业环保资产投资（ECI）、总经理家乡认同（HOMEM）与企业环保资产投资（ECI）、环境质量（AQI）和董事长家乡认同（HOMED）的交乘项与企业环保资产投资（ECI）、环境质量（AQI）和总经理家乡认同（HOMEM）的交乘项与企业环保资产投资（ECI）存在相关性，需要进一步检验彼此之间的因果关系。

（三）实证结果分析

环境质量、高管家乡认同与企业环保资产投资的回归分析结果如表 2-9 所示。

表 2-9　　环境质量、高管家乡认同与企业环保资产投资的回归分析结果

解释变量	被解释变量 ECI				
	模型（2-4）	模型（2-5）	模型（2-6）	模型（2-7）	模型（2-8）
常数项	-10.6490 ** （-2.4240）	-15.2420 *** （-3.6640）	-15.3090 *** （-3.6510）	-6.3080 （-1.3570）	-7.5720 （-1.6360）
AQI	-1.2170 *** （-2.9820）			-2.6850 *** （-4.2230）	-2.4230 *** （-3.8240）
HOMED		0.0540 （0.1640）		-6.5520 *** （-2.9400）	
AQI×HOMED				2.1580 *** （3.0060）	

续表

解释变量	被解释变量 ECI				
	模型（2-4）	模型（2-5）	模型（2-6）	模型（2-7）	模型（2-8）
HOMEM			0.0670 (0.2030)		-5.3400 ** (-2.4020)
AQI × HOMEM					1.7790 ** (2.4790)
STATE	1.8000 *** (4.9090)	1.7470 *** (4.7560)	1.7450 *** (4.7510)	1.7840 *** (4.8690)	1.8000 *** (4.9090)
SIZE	0.7210 *** (4.5210)	0.7000 *** (4.3920)	0.7000 *** (4.3950)	0.7130 *** (4.4800)	0.7360 *** (4.6190)
CON	-1.5340 (-1.2880)	-1.5350 (-1.2840)	-1.5500 (-1.2980)	-1.4550 (-1.2220)	-1.5030 (-1.2620)
BONUS	-0.0080 (-0.0370)	0.0540 (0.2590)	0.0570 (0.2730)	0.0120 (0.0560)	0.0060 (0.0270)
INR	-12.2860 *** (-4.2190)	-11.7130 *** (-4.0180)	-11.6910 *** (-4.0050)	-12.9950 *** (-4.4480)	-12.8700 *** (-4.3940)
ROE	0.2150 (0.2240)	0.1100 (0.1090)	0.1070 (0.1070)	0.2830 (0.2940)	0.2700 (0.2800)
DAR	1.8360 * (1.9330)	1.4820 (1.5440)	1.4870 (1.5480)	1.8970 ** (1.9930)	1.8580 * (1.9490)
YEAR	控制	控制	控制	控制	控制
INDUSTRY	控制	控制	控制	控制	控制
观测值	2574	2574	2574	2574	2574
F 值	24.5330	24.0910	24.0910	23.2180	23.0950
调整 R^2	0.1980	0.1950	0.1950	0.2010	0.2000

注：*** 、** 和 * 分别表示在1%、5%和10%的水平上显著（双尾检验）；括号内的数值表示T值。

表2-9 的回归结果中，模型（2-4）是以企业环保资产投资（ECI）作为被解释变量，环境质量（AQI）作为解释变量；模型（2-5）是以企业环保资产投资（ECI）作为被解释变量，董事长家乡认同（HOMED）作为解释

变量；模型（2-6）是以企业环保资产投资（*ECI*）作为被解释变量，总经理家乡认同（*HOMEM*）作为解释变量；模型（2-7）是在模型（2-4）的基础上加入董事长家乡认同（*HOMED*）、环境质量（*AQI*）和董事长家乡认同（*HOMED*）的交乘项（*AQI* × *HOMED*）；模型（2-8）是在模型（2-4）的基础上加入总经理家乡认同（*HOMEM*）、环境质量（*AQI*）和总经理家乡认同（*HOMEM*）的交乘项（*AQI* × *HOMEM*）。各模型均控制了产权性质（*STATE*）、公司规模（*SIZE*）、股权集中度（*CON*）、高管薪酬（*BONUS*）、独立董事比例（*INR*）、净资产收益率（*ROE*）、资产负债率（*DAR*）、年份（*YEAR*）和行业（*INDUSTRY*）等变量，并选取 2014～2019 年的 429 家上市公司数据为样本而进行的回归分析。模型（2-4）的回归结果显示，环境质量（*AQI*）与企业环保资产投资（*ECI*）在 1% 的水平上显著负相关，相关系数为 -1.2170，即企业所在地环境质量（*AQI*）越差，污染类企业环保资产投资（*ECI*）力度会越小，假设 H2-3 得到验证。这表明，随着环境问题的日趋严峻，虽然国家及地方政府出台了一系列新的环保法律法规和政策，但这些正式制度对污染类企业的环保资产投资行为并未产生正向推动作用。模型（2-5）的回归结果显示，董事长家乡认同（*HOMED*）与企业环保资产投资（*ECI*）呈正相关关系；模型（2-6）的回归结果显示，总经理家乡认同（*HOMEM*）与企业环保资产投资（*ECI*）亦呈正相关关系，但模型（2-5）和模型（2-6）中的相关家乡认同系数却均不显著，即假设 H2-4 未获得完全验证。这表明，在现行制度环境下，高管家乡认同对污染类企业环保资产投资行为的驱动作用会大打折扣。

为验证高管家乡认同在环境质量（*AQI*）与企业环保资产投产（*ECI*）关系中的调节作用，笔者在模型（2-4）的基础上继续用模型（2-7）和模型（2-8）进行检验。模型（2-7）的回归结果显示，环境质量（*AQI*）和董事长家乡认同（*HOMED*）的交乘项（*AQI* × *HOMED*）与企业环保资产投资（*ECI*）在 1% 的水平上显著正相关，相关系数为 2.1580；模型（2-8）的回归结果显示，环境质量（*AQI*）和总经理家乡认同（*HOMEM*）的交乘项（*AQI* × *HOMEM*）与企业环保资产投资（*ECI*）在 5% 的水平上显著正相关，相关系数为 1.7790。通过模型（2-7）和模型（2-8）的回归结果可知，无论是环境质量（*AQI*）和董事长家乡认同（*HOMED*）的交乘项（*AQI* × *HOMED*）的系数，还是环境质量（*AQI*）和总经理家乡认同（*HOMEM*）的交乘项（$AQI \times HOMEM$）的系数均显著为正，显然，高管家乡认同对企业所在地环境质量（AQI）与污染类企业环保资产投资（ECI）之间的关系起到了反向调节作用，即假设 H2 – 5 得到验证。这表明，在现实的情境中，高管家乡认同显著抑制了正式制度对污染类企业环保资产投资行为的负向影响，对现行环保法律法规和政策起到了补充作用。

（四）稳健性检验

为验证前文所提出的研究假设以及克服模型内生性问题，笔者使用工具变量法对经过验证的假设 H2 – 3 和假设 H2 – 5 来进行稳健性检验。在模型（2–4）、模型（2–7）和模型（2–8）中均加入样本公司所在地相对湿度（$HUMIDITY$）这一工具变量，并进行两阶段最小二乘法（2SLS）回归。这样做的理由是，当地区的相对湿度（$HUMIDITY$）较高时通常会加重空气污染并影响当地环境质量，但它不会影响到企业环保资产投资（ECI）的数额，因此，样本公司所在地相对湿度（$HUMIDITY$）可以作为模型（2–4）、模型（2–7）和模型（2–8）的工具变量。省（市）每年平均相对湿度（$HUMIDITY$）指标取自国泰安 CSMAR 数据库。加入工具变量的回归分析结果如表 2 – 10 所示。

表 2 – 10　　　　　　　　加入工具变量的回归分析结果

解释变量	被解释变量 ECI		
	模型（2 – 4）	模型（2 – 7）	模型（2 – 8）
常数项	– 7. 7080 （– 1. 3560）	– 2. 0340 （– 0. 2500）	– 2. 7680 （– 0. 3420）
AQI	– 2. 0270 * （– 1. 9140）	– 3. 9950 * （– 1. 8830）	– 3. 9830 * （– 1. 7870）
$HOMED$		– 10. 0510 * （– 1. 7270）	
$AQI \times HOMED$		3. 2970 * （1. 7390）	
$HOMEM$			– 9. 4820 * （– 1. 5630）

续表

解释变量	被解释变量 ECI		
	模型（2-4）	模型（2-7）	模型（2-8）
$AQI \times HOMEM$			3.1340 * (1.5790)
CONTROL	控制	控制	控制
YEAR	控制	控制	控制
INDUSTRY	控制	控制	控制
观测值	2574	2574	2574
F 值	24.2710	23.0140	22.6180
调整 R^2	0.1970	0.1970	0.1960

注：*** 、** 和 * 分别表示在 1%、5% 和 10% 的水平上显著（双尾检验）；括号内的数值表示 T 值。

由表 2-10 可知，环境质量（AQI）的系数在模型（2-4）、模型（2-7）和模型（2-8）中均显著为负，而且在模型（2-7）中交乘项（AQI × HOMED）的系数、模型（2-8）中交乘项（AQI × HOMEM）的系数均显著为正。这表明加入工具变量后的回归结果显示，企业所在地环境质量（AQI）与企业环保资产投资（ECI）显著负相关，且董事长家乡认同（HOMED）、总经理家乡认同（HOMEM）均在环境质量（AQI）与企业环保资产投资（ECI）之间的关系中起到了反向的调节作用。显然，假设 H2-3 和假设 H2-5 得到进一步的验证。

五、研究结论与建议

笔者以 2014～2019 年沪深 A 股 429 家污染类上市公司数据为样本，采用最小二乘法回归，实证检验环境质量、高管家乡认同与企业环保资产投资之间的关系。实证结果表明：第一，企业所在地环境质量越差，污染类企业环保资产投资力度会越小；第二，高管家乡认同与污染类企业环保资产投资力度呈正相关关系，但二者关系并不显著；第三，高管家乡认同对环境质量与污染类企业环保资产投资的关系具有反向调节作用。

根据以上研究结论，笔者提出如下建议：第一，鉴于现行正式制度对污染类企业环保资产投资尚不具有积极的影响，故尽快出台企业环保资产投资的相关激励政策已成为环保制度建设的当务之急；第二，银行等金融机构应将污染类企业的环保资产投资项目纳入绿色信贷支持范围，以助力污染类企业破解"钱荒"困局，提升环境治理能力，加快绿色转型的进程；第三，在逐步完善相关环保法律法规和政策的同时，还应适当地运用和发挥非正式制度的积极影响，通过正式制度与非正式制度的融合互补，以促进企业更多地履行环境保护等社会责任；第四，在企业主要高管人员的选聘中，可以优先考虑条件基本相同的"本地人"，以发挥高管家乡认同对企业履行自愿性环境保护责任所具有的正向推动作用。

第三节　环境规制与企业环境成本内部化

一、问题的提出

近年来，在地区贸易保护主义不断升级、国际贸易摩擦频繁发生的背景下，中国出口产品遭遇的国外反倾销态势愈演愈烈。从倾销指控内容上来看，反生态倾销越来越成为国外一些国家尤其是美欧等发达国家对华反倾销的主角。众所周知，美欧等发达国家在主张严格环境规制和实施环境成本内部化的同时，出于实行贸易保护的真实目的，也一味要求发展中国家必须加强对产品生产环节的环境监管，并建立因生产经营活动所产生的环境耗用和损害的补偿机制。如果发展中国家出口产品成本中未能全面反映为生产产品所发生的环境成本，则该产品势必为进口国的反生态倾销制裁埋下隐患。中国是世界上最大的发展中国家，改革开放以来，虽然经济发展取得了举世瞩目的成就，但积累的环境问题已经十分突出，社会、经济与环境的可持续协调发展也面临着挑战。显然，中国的环境治理问题既关系到民生的改善和社会的稳定，也是影响对外贸易和经济发展质量的大问题。环境规制、环境成本内部化是环境治理的两大核心要素，那么，两者是如何影响国外对华反生态倾销呢？笔者拟以沪深 A 股重污染行业出口企业上市公司经验数据为样本，对这一问题进行实证检验和解释，并根据研究结论提出相关对策，以期为中国应对国外反生态倾销的实践有所裨益。

笔者的主要贡献之处在于，丰富了环境治理与国外对华反生态倾销关系的研究文献，同时揭示了政府环境规制对企业环境成本内部化水平，以及企业环境成本内部化水平对反生态倾销的影响机理，并基于应对国外对华反生态倾销的视角，为进一步完善政府环境规制并引导企业加快环境成本内部化进程提供可行性政策建议。

二、理论分析与研究假设

（一）环境规制与环境成本内部化

合法性理论认为，一个组织的合法性可以通过遵从社会规范、价值观而获得，企业只有其行为符合相关制度的要求，并得到社会普遍认可后，才会被社会赋予有限的资源，从而得以生存与发展；如果企业的行为偏离制度要求和社会普遍认同的价值观时，其存在的合法性就会受到威胁，也就无法获得各种社会资源甚至被淘汰出局（Suchman，1995）。环境规制通常是指为了规范企业等主体的环境行为，国家颁布的环境保护相关法律法规和制度。环境规制作为一种环境管理规范，是政府以非市场途径对环境资源耗用与损害进行干预的重要手段，也是引导企业履行应尽的环境保护责任的"有形之手"。环境规制对企业环境成本内部化的影响主要有以下几方面：第一，环境规制的压力会形成企业履行环境保护责任的驱动力。沃尔登和施瓦茨（Walden and Schwartz，1997）的外部压力论认为，企业会对政府所颁布的环境法规做出相应的反应，并履行一定的社会责任，增加环境保护方面的投入。已有的研究表明，加强政府环境监管，会促使企业更好地履行社会责任（Schwartz and Carroll，2003；章辉美、邓子纲，2011；刘倩，2014），进一步改进环境管理，完善环境信息披露（沈洪涛、冯杰，2012）。政府所具备的较高权威也有利于各项监管措施的实施以及针对环境污染行为的惩罚成本的提高（黎文靖，2007），如果政府加大监管处罚力度，提高企业污染环境的惩罚成本，势必会对企业的环境耗用和损害行为产生一定的约束，促使其保护环境（Kagan et al.，2003；吉利和苏朦，2016）。第二，获得合法性认同是企业实施环境成本内部化的主要目的。保护生态环境有赖于企业将政府的意愿和政策内化于企业的经营活动和环境保护实践中（黎文靖、路晓燕，2015）。然而，经济学外部性理论认为企业将外部性问题内部化所形成的帕累托最优解会导致其接受一定的经济利益损失（Mas-colell et al.，1995）。换言之，企业将环境成本内部化，势必会增加成本费用负担，进而使企业的财务绩效受损。因此，现阶段，我国企业环境成本内部化的动力并非来自企业自身，也并非是受经济利益的驱动，而是更多地出于获得合法性认同的目的（吉利、苏朦，2016）。第三，环境规制的强度决定了企业环境成本内部化水平。在环境规制强度偏弱的情况下，企业的制度性环境成本即环境税费、环保罚款等负担较轻，也就没有主动进行环保资产投资的意愿，相应地，企业环境成本内部化通常会处于较低水平。而随着环境规制强度的增强，企业原有设备或技术所产生的污染物排放量已超过标准，企业则会陷入因增加的环境税费或罚款所导致的经营困境，甚至被政府环保部门强令停产或关闭。这时，企业不得不主动更换原有生产设备或技术，增加资本性环保支出，相应地，企业自主性环境成本即环保资产的折旧、摊销和维护费用将大幅增加，这无疑会使企业所负担的环境成本占总成本费用的比重增加，即企业环境成本内部化水平因此而得到提升。

基于上述分析，笔者提出如下假设：

H2-6：加大环境规制强度，有助于提升企业环境成本内部化水平。

（二）环境成本内部化与反生态倾销

自 20 世纪 90 年代起，伴随着节能减排、低碳环保等国际绿色贸易理念不断深入人心，国内外学者对生态倾销（ecological dumping）相关问题展开了较为深入的研究。巴莱特（Barrett，1994）、罗舍尔（Rauscher，1994）等将生态倾销表述为：出口国未将环境成本计入出口产品成本当中，或以降低环保标准的生产方式使得本国的出口产品具有不公平的比较优势，从而对进口国相关产业造成严重损害的行为。格里克（Greaker，2003）、曲如晓和焦志文（2006）、姚萍、李长青（2008）认为，生态倾销的实质是出口企业以损害本国生态环境为代价，而且没有将对环境的修复和补偿成本考虑在内，故出口产品价格较低；发达国家在生产同类产品时因执行了较严格的环境保护标准而增加了成本，故发达国家一般要求对发展中国家的进口产品征收一定的反倾销税。从上述学者关于生态倾销的定义和反倾销的实践中不难看出，反生态倾销的基本特征为：第一，反生态倾销主要是发达国家对进口自发展中国家的产品予以限制的最常用贸易保护手段；第二，在反倾销实务中，反生态倾销与反商品倾销、反社会倾销融为一体，并统称为"反倾销"；第三，反生态倾销既是贸易问题，也是环境及环境会计问题；第四，反生态倾销的制裁对象除了企业之外，还包括产品出口国政府。

国外对华反倾销给中国相关产业及经济发展产生了一定的负面影响。面对国外尤其是来自一些发达国家反生态倾销所带来的挑战，国内诸多学者（胡振华、杨晓明，2001；傅京燕，2002；霍伟东、施筱圆，2007；姚洪心、海闻，2012）建议：中国应积极推进企业环境成本内部化，这既是应对反生态倾销的紧迫需要，也是践行国际绿色贸易理念以及实现社会、经济与环境可持续协调发展目标的重要举措。从会计核算的视角来看，企业环境成本是指企业对耗用和损害环境资源而应支付的代价，也是企业履行环境保护责任所导致的经济利益流出。而企业环境成本内部化，则是指企业按照收入与费用配比的要求，将环境耗用和损害的补偿支出计入成本费用的行为。企业环境成本内部化对反生态倾销的影响主要表现为：第一，企业环境成本内部化水平反映了企业环境保护责任的履行情况。当一家企业的环境成本内部化水平远远低于同类企业环境保护支出的正常标准时，这意味着环境耗用和损害的补偿机制存在严重缺陷，企业未能尽到保护生态环境的职责。对发达国家而言，为了保护本国相关产业利益，对来自发展中国家的进口产品发起反生态倾销，无疑是发达国家限制发展中国家的产品输入最为有效的手段。第二，企业环境成本内部化水平对出口产品成本的高低有直接影响。如果出口产品成本中的环境成本含量远远低于同类产品，表明企业为生产产品所耗费和损害的环境资源未能完全计入产品成本中。成本是价格形成的基础，环境成本缺失势必导致出口产品的定价不够准确，使得出口产品价格偏低。第三，企业环境成本内部化水平决定了出口产品成本信息质量的可信度。当企业环境成本内部化不足时，就意味着企业低估成本、高估收益，这种失真的成本信息不符合会计信息质量的可靠性和谨慎性要求，也容易给反倾销调查机构以"口实"，进而用"替代国"同类产品的成本信息来作为计算出口产品正常价值的方法。实践证明，在"替代国"制度下，中国出口产品极易被认定为"倾销成立"，进而遭到产品输入国的反倾销制裁。

基于上述分析，笔者提出如下假设：

H2-7：提升企业环境成本内部化水平，有助于出口企业规避国外对华反生态倾销风险。

三、研究设计

（一）变量选取与模型构建

1. 变量选取

（1）国外对华反生态倾销（AD）。从中国出口企业遭遇反倾销的实际情况来看，虽然反生态倾销案并非独立存在，但通过中国贸易救济信息网所披露的信息可以获得每一起国外对华反倾销案的指控内容。当企业遭遇的国外反倾销中包含环境问题指控时，也就意味着企业遭遇了反生态倾销。因此，笔者以出口企业遭遇包含环境问题指控内容的反倾销来度量国外对华反生态倾销指标。

（2）环境成本内部化（IEC）。笔者以企业环境成本（即自主性环境成本与制度性环境成本之和）与管理费用之比来代表环境成本内部化水平。为了便于在不同企业之间进行环境成本内部化水平的比较，同时考虑到实务中企业环境成本大都计入管理费用这一实际情况，笔者将企业环境成本除以企业当年管理费用所得到的相对数作为企业环境成本内部化度量指标。

（3）环境规制（ENR）。目前，关于度量环境规制强度的方法很多，综合考虑各种方法的利弊，笔者借鉴张成等（2011）、景维民和张璐（2014）的度量方法，即以各行业废水和废气污染治理设施当年运行费用占各行业工业销售总产值的比重来反映环境规制强度。

（4）控制变量。笔者参考唐国平等（2013）、万寿义和迟铮（2014）、李强和田双双（2016）的做法，选取出口比重（EXP）、控股股东类型（NAT）、公司规模（$SIZE$）、销售毛利率（GPM）、资产负债率（DAR）、年份（$YEAR$）及行业（IND）虚拟变量作为控制变量并以此来排除其他因素的干扰。此外，笔者还控制了年份和行业的固定效应。

2. 模型构建

笔者构建了相关的模型（2-9）和模型（2-10）来验证所提出的假设，

考虑到环境规制以及环境成本内部化实施效果的滞后性，模型中的自变量均采用滞后一期变量。为了检验环境规制对企业环境成本内部化的影响，笔者构建模型（2-9）如下：

$$IEC_{i,t+1} = \beta_0 + \beta_1 ENR_{i,t} + \beta_2 CONTROL_{i,t} + \varepsilon_{i,t} \qquad (2-9)$$

为了检验企业环境成本内部化对国外对华反生态倾销的影响，笔者构建模型（2-10）如下：

$$AD_{i,t+1} = \chi_0 + \chi_1 IEC_{i,t} + \chi_2 CONTROL_{i,t} + \mu_{i,t} \qquad (2-10)$$

其中，$AD_{i,t}$ 代表企业 i 在 t 年所遭遇到的国外对华反生态倾销；$IEC_{i,t}$ 代表企业 i 在 t 年的环境成本内部化水平；ENR 代表环境规制强度；$CONTROL$ 代表控制变量，具体包括出口比重（EXP）、控股股东类型（NAT）、公司规模（$SIZE$）、销售毛利率（GPM）、资产负债率（DAR）、年份（$YEAR$）和行业（IND）等变量。模型（2-9）和模型（2-10）中主要变量与控制变量的定义如表 2-11 所示。

表 2-11　　　　　　　　　　变量及其定义

变量类型	变量名称	变量符号	变量定义
主要变量	国外对华反生态倾销	AD	企业遭遇国外反生态倾销 =1，否则 =0
	环境成本内部化	IEC	企业环境成本/管理费用
	环境规制	ENR	（各行业污染治理设施运行费用/各行业工业销售总产值）×100
控制变量	出口比重	EXP	出口额/主营业务收入
	控股股东类型	NAT	第一大股东为国有股 =1，否则 =0
	公司规模	$SIZE$	总资产额的自然对数
	销售毛利率	GPM	（主营业务收入－主营业务成本）/主营业务收入
	资产负债率	DAR	总负债/总资产
	年份	$YEAR$	年度虚拟变量
	行业	$INDUSTRY$	行业虚拟变量

（二）研究样本与数据来源

笔者根据数据的可获得性及研究需要，选取 2010 ~ 2016 年上交所和深交所 A 股重污染行业中的出口企业上市公司作为初始研究对象，并对样本进行了筛选，最终得到符合筛选标准的 265 家上市公司样本，1855 个年度观测值。重污染行业的范围是依据原环保部于 2008 年所发布的《上市公司环保核查行业分类管理目录》来界定，主要包括钢铁、煤炭、化工、制药、轻工、纺织、制革等行业。笔者对样本筛选过程如下：第一，剔除上市时间短于样本期 7 年的公司；第二，剔除被特别处理的公司即 ST、*ST 公司；第三，剔除财务指标缺失和存在异常值的公司。为了消除极端值的影响，笔者采用缩尾处理法对主要连续性变量在 1% 与99% 分位数上进行处置。

变量中企业环境成本数据主要取自上市公司年度财务报告中的"税金及附加""管理费用""营业外支出""研发费用"等项目。具体说来，是通过阅读财务报表及附注，将分散在上述项目中的资源税、城市维护建设税、城镇土地使用税、排污费、绿化费、环保罚款，以及环保资产折旧、摊销、维护和环保研发费等数据，经手工整理汇总，从而得到企业环境成本指标。出口比重（EXP）、控股股东类型（NAT）、销售毛利率（GPM）等数据均取自国泰安 CSMAR 数据库。国外对华反生态倾销数据参考中国贸易救济信息网相关信息来予以赋值。行业废水和废气污染治理设施运行费用取自 2011 ~ 2017 年的《中国环境统计年鉴》，行业工业销售总产值取自 2011 ~ 2017 年的《中国工业统计年鉴》。

四、实证分析

（一）描述性统计分析

表 2 - 12 报告了所选取变量的样本特征，从该表可以看出：国外对华反生态倾销（AD）的均值为 0.1700，标准差为 0.3730，表明样本公司遭遇反生态倾销的情形不多；环境成本内部化水平（IEC）的均值为 0.1325，标准差为 0.2605，这说明大多数样本公司的环境成本内部化水平较低；环境规制强度（ENR）的均值为 0.2232，标准差为 0.2069，这表明大部分行业的环境规制强度普遍偏低；出口比重（EXP）的最大值为 0.9835，最小值为 0，均值为 0.2216，标准差为 0.2188，这表明大部分样本公司的出口

额占主营业务收入的比例达到了两成；控股股东类型（NAT）的均值为0.4500，标准差为0.4970，这说明样本公司中非国有企业的数量略多于国有企业的数量；公司规模（SIZE）的均值22.1623，表明各样本公司的总资产额相差较大；销售毛利率（GPM）的均值为0.2315、资产负债率（DAR）均值为0.4358，表明大部分样本公司具备可观的盈利基础，其资本结构亦较为合理。

表 2-12　　　　　　变量的描述性统计（N = 1855）

变量	最小值	最大值	均值	标准差
AD	0	1	0.1700	0.3730
IEC	0.0100	0.9900	0.1325	0.2605
ENR	0.0100	0.9900	0.2232	0.2069
EXP	0	0.9835	0.2216	0.2188
NAT	0	1	0.4500	0.4970
SIZE	19.5101	26.6068	22.1623	1.1477
GPM	0.0022	0.9290	0.2315	0.1537
DAR	0.0054	0.9856	0.4358	0.2013

（二）相关性分析

Pearson 相关系数检验显示，前文所列示的各变量之间的相关系数小于0.4，这表明笔者所设定模型的多重共线性问题较小。

（三）回归分析

环境规制、环境成本内部化与国外对华反生态倾销关系的回归分析结果如表 2-13 所示。

表 2 - 13

回归分析结果

解释变量	被解释变量 IEC_{t+1}	被解释变量 AD_{t+1}	被解释变量 AD_{t+2}
	模型 (2-9)	模型 (2-10)	
ENR_t	0.1050 *** (3.4720)		
IEC_t		-3.9190 *** (-9.9720)	-2.5000 *** (-8.2780)
EXP	-0.0610 ** (-2.3130)	0.1710 (0.7250)	0.2230 (0.8710)
NAT	-0.0230 ** (2.6290)	-0.5590 *** (-5.4800)	-0.5540 (-5.1300)
$SIZE$	0.0040 (0.6830)	-0.5000 (-0.9430)	-0.0480 (-0.8570)
GPM	-0.0290 (-0.7130)	0.2510 (0.6840)	0.3960 (0.9950)
DAR	-0.0360 (-0.9540)	0.2890 (0.8700)	0.3130 (0.8790)
$YEAR$	控制	控制	控制
$INDUSTRY$	控制	控制	控制
常数	0.0640 (0.4940)	1.6820 (1.4700)	1.4000 (1.1720)
观测量	1855	1855	1590
F 值	2.7790		
R²	0.0210		
Cox & Snell R²		0.1290	0.0920
Nagelkerke R²		0.1740	0.1240

注：***、** 和 * 分别表示在 1%、5% 和 10% 的水平上显著（双尾检验）；括号内的数值表示 T 值。

表 2 - 13 中的回归结果中模型 (2 - 9) 是以样本公司在 $t+1$ 年的环境成本内部化水平（IEC_{t+1}）为被解释变量，模型 (2 - 10) 分别是以样本公司在 $t+1$ 年遭遇国外反生态倾销（AD_{t+1}）、样本公司在 $t+2$ 年遭遇国外反倾销

（AD_{t+2}）为被解释变量，同时以企业当年环境成本内部化水平（IEC_t）为解释变量，控制了出口比重（EXP）、控股股东类型（NAT）、公司规模（$SIZE$）、销售毛利率（GPM）、资产负债率（DAR）、年份（$YEAR$）和行业（IND）等变量，并选取 2010～2015 年的 265 家样本公司数据为样本而进行的回归分析。模型（2-9）的回归结果显示，环境规制（ENR_t）与企业次年的环境成本内部化水平（IEC_{t+1}）在 1% 的水平上显著正相关，相关系数为 0.1050，即环境规制（ENR_t）强度越大，企业环境成本内部化水平（IEC_{t+1}）越高，笔者所提出的假设 H2-6 得到验证。这表明，加大政府环境规制强度能够在一定程度上促使企业积极的承担环境保护责任。模型（2-10）的两项回归结果均显示，企业当年环境成本内部化水平（IEC_t）与企业次年遭遇国外反生态倾销变量（AD_{t+1}），以及企业在未来两年遭遇国外反生态倾销变量（AD_{t+2}）在 1% 水平上显著负相关，相关系数分别为 -3.9190、-2.5000，即企业当年的环境成本内部化水平（IEC_t）对企业在下一年遭遇国外反生态倾销变量（AD_{t+1}），以及企业在未来两年遭遇国外反生态倾销变量（AD_{t+2}）都具有显著的负向促进作用，换言之，企业当年的环境成本内部化水平（IEC_t）越高，越有助于企业规避在以后年度遭遇国外反生态倾销的风险，笔者所提出的假设 H2-7 得到验证。这表明，提升企业环境成本内部化水平，无论是从短期（次年）还是长期（两年）来看，都有助于企业规避国外对华反生态倾销风险。

（四）稳健性检验

笔者运用倾向得分匹配法（PSM）来验证之前的实证结果。为了评估企业环境成本内部化的效果，笔者选取 2010～2016 年作为样本期，选择部分控制变量作为衡量企业多维度的特征变量，并进行匹配后再次进行回归。经检验，该方法再次验证了前文的实证结果。

五、研究结论与建议

为验证环境规制、环境成本内部化与国外对华反生态倾销所存在的关系，笔者采用线性回归模型、二元 Logistic 回归模型，对沪深 A 股 265 家重污染行业出口企业上市公司 2010～2016 年的数据进行回归分析。经研究发现，加大环境规制强度对提升企业环境成本内部化水平具有显著的正向促进作用，而提升企业环境成本内部化水平则有助于出口企业规避国外对华反生态倾销风险。

根据以上的研究结论，笔者建议：第一，在应对国外对华反倾销的国际贸易战中，政府不仅要强势介入，施以援手，帮助出口企业化解危机，更要注重环境规制建设的国际化，以引领企业走绿色发展之路。第二，国家立法及政府有关部门既要进一步完善环境保护相关法律法规和制度，又要强化环境规制的执行力度，防止出现环境规制的"强立法、弱执法"现象。第三，加大企业自主性环境成本内部化的政策扶持力度，即运用补贴、奖励以及税收优惠等政策鼓励企业进行环保资本性投入，最大限度地减轻企业因自主性环境成本的增加而形成的财务绩效压力。第四，在重污染行业应率先试点实施环保准备金制度，即按营业收入的一定比例来预提环保准备金，以应对未来可能发生的重大环境污染风险。第五，环境治理是反倾销调查机构等会计信息使用者最为关注的信息，按照会计信息相关性质量要求，企业应设置"环境成本"账户，用来反映各项环境成本的发生和转销情况，在利润表中亦应对环境成本专项予以列报，并在报表附注中对其加以详细说明，以满足会计信息使用者对环境成本信息的需要。

第三章

企业环境治理经济后果研究

第一节　企业环境治理与反生态倾销

一、问题的提出

近年来，在全球贸易保护主义不断升级的背景下，我国平均每年遭遇反倾销调查案占全球反倾销调查案总数的比例一直居高不下。频繁的国外对华反倾销给我国出口企业及其相关产业利益造成的损害不言而喻。而从国外对华反倾销指控内容上不难看出，反生态倾销越来越成为国外一些国家对华反倾销的焦点。中国的经济建设虽然取得了举世瞩目的成就，但在以往经济发展的各个历史时期，都不同程度地存在着重数量而轻质量、重经济效益而轻生态环境保护的弊端，从而导致环保理念、环境标准、环境监管，以及企业环保投资等方面存在诸多问题，而这些问题无疑成为发达国家对华反倾销的诱因。那么，中国出口企业环保投资是否影响国外对华反生态倾销呢？笔者拟以沪深 A 股重污染行业出口企业上市公司经验数据为样本，对这一问题进行实证研究和解释，并根据研究结论提出相关建议，以期为中国出口企业应对国外反生态倾销提供理论指导和决策参考。这对于贯彻落实国家制定的"走出去"战略方针，从根本上扭转应对国外反倾销的被动局面，助力我国对外贸易及经济高质量发展具有重要意义。

二、企业环境治理与反生态倾销相关文献综述

在国际贸易领域，倾销是一种非公平的竞争行为，也是产品进口国必须予以抵制的贸易活动。随着国际贸易自由化程度不断加深，倾销的范围从传统的商品领域扩展到了生态环境领域，生态倾销理论（ecological dumping）亦应运而生。自 20 世纪 90 年代起，国内外学者对生态倾销相关问题展开了较为深入的研究。劳舍尔（Rauscher，1994）将生态倾销定义为：出口国未将环境成本计入出口产品成本当中，或以降低环保标准的生产方式使得本国的出口产品具有不公平的比较优势，从而对进口国相关产业造成严重损害的行为。巴莱特（Barrett，1994）通过模型证明，在不完全竞争条件下，如果出口国试图使其社会福利最大化，该国政府会在制度上弱化对环境的管制，产品边际税收减少额也会低于社会边际环境损害额，从而使得其出口产品在国际市场上具有一定的竞争力。格里克（Greaker，2003）认为，在生态倾销中，出口企业实质上是以损害本国生态环境为代价追求自身利益，倾销的并不是商品本身，而是该国的自然资源和环境恢复的能力。黄江泉（2006）认为，绝大多数的发展中国家在进行产品生产时，由于对自然资源消耗巨大，对环境破坏很严重，而且没有将对环境的修复和补偿成本考虑在内，故产品价格较低；发达国家在生产同类产品时因执行了较严格的环境保护标准而增加了成本，故发达国家一般要求对发展中国家的进口产品征收一定的生态倾销税来实现公平竞争的目的。但是，封进（1998）通过对环境成本的构成进行分析，发现发达国家对在生产过程中造成严重污染的进口产品征税会削弱该进口产品的国际竞争力。中国是产品出口大国，近年来所面临的对外贸易形势也较为严峻。面对近年来愈演愈烈的国外对华反倾销尤其是反生态倾销态势，国内学者基于不同的视角进行研究并提出了相应对策。彭海珍和任荣

明（2003）认为，政府相关部门应建立并完善与可持续发展相适应的出口商品结构，大力扶持绿色出口产业，努力协调好出口效益、生态环境效益和社会效益之间的关系。曲如晓（2004）认为，生态倾销既是贸易问题而且也是环境问题，与环境标准低的国家的同质产品生产企业相竞争，会使得环境标准高的国家的企业处于下风，这样才会产生生态倾销的指控，因此，发展中国家应该提高环境保护意识，制定合理的环境立法。霍伟东和施筱圆（2007）针对中国传统贸易模式中生态倾销的现状进行分析，提出中国应加快环境成本内部化，积极宣传环保理念，利用反生态倾销的机会调整出口结构，采取妥善措施，达到环境保护和自由贸易平衡的目标。但是，尹显萍和梁艳（2006）则认为，根据库兹涅茨收入分配曲线，污染排放量和人均收入之间存在一个倒 U 型关系，中国的环境标准过早地与发达国家严格的环境标准保持一致，不一定能够推进中国环境质量的改善，反而可能会阻碍贸易的增长和国民福利的提高。姚洪心和海闻（2012）基于随机和相关需求的相互贸易模型，得出征收环境税来推动环境成本内部化，从而遏制反生态倾销的结论。姚洪心和吴伊婷（2018）基于双寡头竞争模型研究了绿色补贴对政府和企业的作用机制，研究结果表明，为规避反生态倾销，政府的最优策略是为企业提供最优非合作绿色补贴。

从上述已有的研究文献来看，无论是早期针对生态倾销的特点、影响、产生原因，以及如何应对等方面的研究成果，还是近年来主要从如何规避国外对华反生态倾销风险的角度所展开的研究，国内外学者结合自身学术背景对生态倾销、反生态倾销及其应对等相关问题进行了深入探讨，并取得了较为丰厚的研究成果。但已有文献也表明，迄今为止尚无学者基于微观层面的视角实证检验企业环保投资对反生态倾销的影响。鉴于此，为了弥补已有研究的不足，进一步丰富反倾销和环境成本会计理论研究，笔者拟以沪深 A 股265 家重污染行业出口企业上市公司为样本，实证检验企业环保投资与反生态倾销的关系，并在此基础上对中国出口企业加大环保投资力度，完善环保投资核算和披露，以及加快环境成本内部化进程提出政策建议。

三、理论分析与研究假设

（一）生态倾销与反生态倾销的由来

20 世纪 90 年代，发达国家出于对环境保护的高度重视，开始实行环境成本内部化。在环境成本内部化的过程中，环境标准的高低就成为影响产品成本的一个重要的因素，因此，生态倾销（ecological dumping）的概念随之产生（曲如晓，2004）。尽管对生态倾销的表述至今众说纷纭，但多数学者认可的定义是：生态倾销通常是指出口国通过制定宽松的环境标准，降低企业产品成本，使得本国出口产品在国际市场上享有竞争优势的行为。

从上述生态倾销的定义中不难看出，与传统的倾销即商品倾销相比较，生态倾销的主要特征是：第一，出口国政府制定的环境标准明显低于进口国，生态倾销的主体除了企业之外还要包括政府；第二，出口国产品成本中因未反映或未完全反映必要的环境成本，使得该产品在国际市场上具有低价竞争优势；第三，生态倾销的载体是产品，但倾销的内容不是产品本身，而是出口国的自然资源和环境质量；第四，生态倾销是以损害生态环境为代价来换取经济利益，它不仅是贸易和会计问题，而且还是环境问题。显然，生态倾销虽然是倾销"家族"中的一份子，但它不是脱离出口产品而独立存在的经济行为，这种经济行为表面上看只是对出口国环境的损害，但实质上其损害范围并不限于出口国。

（二）企业环保投资对反生态倾销的影响

从经济学角度来说，环境问题的实质是经济问题，解决环境问题离不开投资这把"金钥匙"。企业环保投资（environmental investment），通常是指企业用于环境保护相关方面的资金投入，它是环保投资的重要组成部分。笔者界定的企业环保投资构成内容主要结合企业社会责任报告披露的相关信息并借鉴唐国平等（2013）的做法，将企业环保投资分为以下两类：第一，环保预防性投资。主要包括环保技术的购入与研发投资、环保设施及系统的购入与改造投资，以及环保工程建设期的长期借款利息等。此类投资属于资本性环保支出，应予以资本化，从而形成环保资产。第二，环保治理性投资。主要包括排污费等环保税费，以及各项环保资产的折旧、摊销费等。此类投资属于收益性环保支出，应予以费用化，即计入企业当期损益。企业环保投资对反生态倾销的影响可通过以下两个不同维度予以考察：

（1）当企业环保投资不足时，由于其环保税费的负担低，企业也就没有通过增加环保预防性投资来减少环保治理性投资的动机，因而，企业一般不会把资金运用到环保预防性投资方面。此时，企业的环保投资基本上就是指环保治理性投资。环保税费率是指企业支付的环保税费占同期营业收入的比例，它是衡量企业环保治理性投资水平的常用指标。如果企业环保税费率远远低于其他国家同类型企业，既表明企业执行的有关环境标准低，政府环境监管政策过于宽松；同时也表明企业为生产产品所耗费的环境损失未能完全计入产品成本中，环境成本内部化程度低，环境损失补偿机制缺失，企业产品成本信息不足以信赖。由此可见，发展中国家环保投资不足是发达国家对发展中国家发起的反生态倾销调查的主要因素之一。

环境成本内部化的要义是要求企业将因自身活动而引发的环境耗用和环境损害的补偿支出计入成本费用。从会计核算的视角来看，环境成本就是企业为了履行环境保护责任而应付出的代价，而环境成本内部化，则是企业按照收入与费用配比的要求，将环境耗用和损害的补偿支出列支于成本费用的行为。具体说来，企业成本费用中应列支的环境成本包括：第一，制度性环境成本，主要有环境税或排污费、资源税、城市维护建设税、城镇土地使用税和环保罚款等支出，以及因预提环保准备金而发生的应计费用等；第二，自主性环境成本，主要有环保资产的折旧、摊销和维护费，以及企业环保部门人员薪酬、厂区绿化、环保技术研发等费用化支出。环境成本内部化既是企业对自身发生的环境耗用和损害的补偿形式，也是企业对各项已经资本化的环保支出予以费用化的过程。环境成本内部化程度既取决于国家的经济发展水平、环境标准和环境监管政策，也受制于企业的盈利能力和企业经理人员的社会责任意识；既影响着企业成本信息质量，同时也关系到国家对外贸易乃至经济发展的质量。毋庸讳言，与发达国家相比，我国企业执行的环境标准相对较低，国家环境监管政策相对宽松，进而导致企业因生产经营活动而发生的环境耗用与损害未能全部计入成本费用。毫无疑问，这种制度性环境成本内部化程度较低的问题，不但给环境耗用和损害的补偿以及生态环境的保护形成了羁绊，也为我国出口产品遭到发达国家的反生态倾销制裁埋下隐患。就自主性环境成本而言，由于环保资产对企业提高绩效不会产生立竿见影的效果，在追求经济效益和保护生态环境的冲突面前，大多企业的投资选择是利益驱动而非责任驱动，故发生大手笔环保资产投资的企业寥寥可数，企业环保资产、环保技术研发支出，以及由此产生的自主性环境成本少之又少也就不足为奇。这也导致了我国企业环境成本内部化程度较低。

（2）当企业加大环保投资力度时，其具体的表现形式无外乎既要增加环保治理性投资，同时也要增加环保预防性投资。前者表明在国家环境标准提高以及环境监管政策趋紧的背景下，虽然企业的环保税费负担加重了，但相应加快了企业环境成本内部化的步伐，企业产品成本信息质量也会因此而得到反倾销调查机构的认可。而后者则表明企业总资产中环保资产占比会有较大幅度的提高，企业的环保能力会因此而得到明显的提升。毕竟，环保技术的购入和研发投资可以提高企业现有环保资产的利用效率，惠及企业节能减排和改善环境质量；环保设施及系统的购入与改造投资可以降低企业污染排放量、提高废物资源重复利用率，进而有助于保护生态环境。显然，企业环保资产是改善环境质量的物质基础，增加环保预防性投资彰显了企业管理层能主动承担社会责任的战略意识和企业家风范，这种投资活动所带来的环保声誉效应、环保技术创新效应对于企业规避反生态倾销至关重要。

环境成本内部化对反生态倾销的影响主要表现为以下几方面：第一，囿于国家的环境标准和环境监管政策乃至经济发展水平，发展中国家环境成本内部化程度通常会远远低于发达国家，就发达国家而言，如果对来自发展中国家的进口产品不加以限制，势必对本国相关产业利益造成严重损害，而发起反生态倾销则是发达国家限制发展中国家的产品输入最常用的手段。第二，环境成本内部化程度对出口产品成本的高低有直接影响，如果出口产品成本中的环境成本含量远远低于发达国家，既表明企业执行的有关环境标准低，政府环境监管政策过于宽松，同时也表明企业为生产产品所耗费的环境资源未能完全计入产品成本中，显然这是对环境成本内部化程度较高的企业利益的损害。第三，环境成本内部化程度决定了出口产品成本信息质量的可信度，当环境成本内部化不足时，就意味着企业低估成本、高估收益，这种失真的成本信息不符合会计信息质量的可靠性和谨慎性要求，进而会被反倾销调查机构以"替代国"制度裁定该出口企业"倾销成立"。此外，环境成本内部化程度也反映了产品出口国环境耗用和损害的补偿机制是否完善，以及产品出口企业环境保护责任的履行状况，这些因素无疑也在倾销认定中发挥作用。

当然，从反生态倾销的认定过程来看，反倾销调查机构所依据的大多是企业已披露的年报信息，因而，企业环保投资对反生态倾销的影响可能存在时滞效应，即企业环保投资对当年的反生态倾销不会有明显的影响，但对次年的反生态倾销的影响则会非常显著。

基于上述分析，笔者提出如下假设：

H3 – 1：企业环保投资对当年的反生态倾销无显著遏制作用。

H3 – 2：企业环保投资对次年的反生态倾销具有显著遏制作用。

四、研究设计

（一）变量选取与模型构建

1. 变量选取

（1）被解释变量。笔者以出口企业遭遇反倾销中有无环境问题指控来代表反生态倾销度量指标。这是因为，从中国出口企业遭遇反倾销的实际情况来看，虽然反生态倾销案并非独立存在，但通过中国贸易救济信息网所披露的信息可以获得每一起反倾销调查案的指控内容，所以当企业遭遇反倾销中包含环境问题指控也就意味着企业遭遇反生态倾销。

（2）解释变量。笔者参考中村（Nakamura, 2011）的做法，以企业环保投资额与企业营业收入之比来代表企业环保投资度量指标。这是因为，企业环保投资额为绝对数，在不同规模的企业之间不具有可比性，所以笔者在搜集企业环保投资额数据后均除以企业当年营业收入数据，并将得到的相对数作为企业环保投资度量指标。

（3）控制变量。为了排除其他因素的干扰，笔者参考唐国平等（2013）、万寿义和迟铮（2014）、李强等（2016）、王云等（2017）的做法，选取出口比重（EXP）、控股股东类型（NAT）、公司规模（SIZE）、销售毛利率（GPM）、资产负债率（DAR）、主营业务增长率（GROW）、年份（YEAR）及行业（IND）虚拟变量作为控制变量。其中，以出口额与主营业务收入之比来表示出口比重；以第一大股东为国有股或非国有股来表示控股股东类型；

以主营业务收入和主营业务成本的差额除以主营业务收入来表示销售毛利率；以总负债与总资产之比来表示资产负债率；以当年主营业务收入与上年主营业务收入之差除以上年主营业务收入来表示主营业务收入增长率。此外，笔者还控制了年份和行业的固定效应。

2. 模型构建

为了检验企业环保投资对反生态倾销的影响，笔者参考中村（Nakamura，2011）的方法构建模型如下：

$$AD_{i,t}/AD_{i,t+1} = \beta_0 + \beta_1 ENI_{i,t} + \beta_2 CONTROL_{i,t} + \varepsilon_{i,t} \qquad (3-1)$$

其中，$AD_{i,t}$ 表示企业 i 在第 t 年里具体是否遭遇反生态倾销；$ENI_{i,t}$ 表示企业 i 在 t 年的环保投资；$CONTROL$ 表示控制变量，具体包括出口比重（EXP）、控股股东类型（NAT）、公司规模（$SIZE$）、销售毛利率（GPM）、资产负债率（DAR）、主营业务增长率（$GROW$）、年份（$YEAR$）和行业（IND）等变量。

（二）研究样本与数据来源

笔者选取 2010~2016 年沪深 A 股中有出口业务的重污染行业上市公司作为研究对象，根据研究需要对上述样本进行了筛选，最终得到 265 家上市公司样本，1855 个年度观测值。重污染行业的范围是依据原环保部在 2008 年所发布的《上市公司环保核查行业分类管理目录》来界定，主要包括钢铁、煤炭、化工、制药、轻工、纺织、制革等行业。笔者遵循以下原则筛选样本：第一，不考虑上市时间短于样本期的企业；第二，ST、*ST 公司以及相关数据缺失的公司不纳入研究范围；第三，剔除资产负债率（DAR）大于 1 等存在异常值的样本。为了消除极端值的影响，笔者对主要连续性变量在 1% 与 99% 分位数上进行了缩尾处理。

变量中企业环保投资数据主要取自上市公司年度报告中财务报表附注里的"在建工程""管理费用"等项目。具体来说，是通过阅读财务报表附注，将"在建工程"中与环保相关的包括除尘抑尘、烟尘脱硫脱硝、清洁生产等支出，与"管理费用"中的环保费用、排污费、绿化费等支出相加，从而得到企业的环保投资额。出口比重、控股股东类型、总资产额、销售毛利率、主营业务增长率等数据均取自国泰安 CSMAR 数据库。反倾销调查的数据取自中国贸易救济信息网。模型所用的样本区间为 7 年，故设置 6 个虚拟变量，即将 2010 年设定为基年，当年份（*YEAR*）为 2011 年时，令 *YEAR* = 1，否则为 0，同理处置 2012 ~ 2016 年的年度虚拟变量。实证部分采用 EXCEL 2010 和 STATA 13 软件进行数据处理。

五、实证分析

（一）描述性统计分析

为反映笔者所选取的样本特征，笔者对各变量进行的描述性统计分析如表 3 - 1 所示。

表 3 - 1　　　　　　变量的描述性统计（*N* = 1855）

变量	最小值	最大值	均值	标准差
AD	0	1	0.1700	0.3730
ENI	0	0.6701	0.0830	3.0599
EXP	0	0.9835	0.2216	0.2188
NAT	0	1	0.4500	0.4970
SIZE	19.5101	26.6068	22.1623	1.1477
GPM	0.0022	0.9290	0.2315	0.1537
DAR	0.0054	0.9856	0.4358	0.2013
GROW	- 0.7031	665.5400	0.7990	17.8228

从表 3 - 1 可以看出：反生态倾销（*AD*）的均值为 0.1700，标准差为 0.3730，表明样本公司遭遇反生态倾销的情形不多；环保投资（*ENI*）的最大值为 0.6701，最小值为 0，均值为 0.0830，标准差为 3.0599，即样本公司的环保投资额占当年企业营业收入的平均值为 8.30%，最大占比为 67.01%，最小占比为 0。这说明各企业环保投资力度差别较大，且大多数样本公司的环保投资力度较弱；出口比重（*EXP*）的最大值为 0.9835，最小值为 0，均值为 0.2216，标准差为 0.2188，这表明大部分样本公司的出口额占主营业务

收入的比例达到了两成；控股股东类型（*NAT*）的均值为 0.4500，标准差为 0.4970，也就是说，国有控股公司占样本总数的 45%，非国有控股公司占样本总数的 55%，这说明样本公司中非国有性质的略多；公司规模（*SIZE*）的均值 22.1623，标准差为 1.1477，说明样本公司的总资产额相差较大；销售毛利率（*GPM*）的均值为 0.2315，标准差为 0.1537，表明出口企业普遍能从出口贸易中获利；资产负债率（*DAR*）均值为 0.4358，标准差为 0.2013，这表明大多数样本公司的资本结构合理，长期偿债能力较强；主营业务增长率（*GROW*）的最大值为 665.5400，最小值为 -0.7031，均值为 0.7990，这说明大多数样本公司的当年主营业务收入都较上年度有小幅度的增长。

（二）相关性分析

笔者采用 Pearson 相关系数（r）来检验任意两个变量之间的关系。通常情况下，Pearson 相关系数的绝对值越大，相关性则越强。Pearson 相关系数的计算结果如表 3 - 2 所示。

表 3 - 2　　　　　　　　　　相关性分析结果

变量	*ENI*	*EXP*	*NAT*	*SIZE*	*GPM*	*DAR*	*GROW*
ENI	1						
EXP	0.0070	1					
NAT	0.0060	- 0.0480 **	1				
SIZE	- 0.0390	- 0.1820 ***	0.0190	1			
GPM	- 0.0080	- 0.0850 ***	- 0.0420 *	- 0.0270	1		
DAR	- 0.0080	- 0.1310 ***	0.0390 *	0.4170 ***	- 0.3680 ***	1	
GROW	0.0100	- 0.0280	0.0290	0.0380	- 0.0130	0.0350	1

注：***、** 和 * 分别表示在 1%、5% 和 10% 的水平上显著（双尾检验）。

从表 3 - 2 可以看出，经 Pearson 相关系数检验后，所选变量的相关系数均小于 0.5，表明笔者选取的几个解释变量构建的回归模型不存在严重的多重共线性问题，据此进行回归分析所得出的结论具有较高的可信度。

（三）回归分析

企业环保投资对反生态倾销影响的回归分析结果如表 3 - 3 所示。

表 3 - 3　　　企业环保投资对反生态倾销影响的回归分析结果

变量	（1）AD_t	（2）AD_t	（3）AD_{t+1}	（4）AD_{t+1}	（5）AD_{t+2}
ENI	- 6. 5610 * （ - 1. 8790）	- 6. 5850 * （ - 1. 8870）	- 8. 0240 ** （ - 2. 5100）	- 8. 0530 ** （ - 9. 0450）	- 5. 6360 * （ - 1. 7250）
EXP		0. 5520 * （1. 9170）		0. 3180 （1. 0930）	0. 7380 ** （2. 3880）
NAT		0. 2310 * （1. 8110）		0. 1580 （1. 2540）	0. 1550 （1. 1480）
SIZE		0. 0020 （0. 0300）		0. 1140 * （1. 7540）	0. 0440 （0. 6290）
GPM		- 0. 5440 （ - 1. 1260）		- 0. 7640 * （ - 0. 1420）	- 0. 0450 （ - 0. 0880）
DAR		- 0. 1610 （0. 7410）		- 0. 4020 （ - 0. 9620）	0. 0560 （0. 1090）
GROW		- 0. 0100 （0. 3410）		- 0. 0140 （ - 0. 4830）	- 0. 0260 （ - 0. 3610）
YEAR	控制	控制	控制	控制	控制
IND	控制	控制	控制	控制	控制
常数项	- 1. 1500 *** （ - 5. 3490）	- 1. 7730 （ - 0. 4420）	- 0. 9230 *** （ - 6. 9910）	- 3. 2880 *** （ - 2. 3490）	- 2. 0280 （ - 1. 3530）
样本量	1855	1855	1855	1855	1590
Cox & Snell R^2	0. 1290	0. 1340	0. 1310	0. 1350	0. 1360
Nagelkerke R^2	0. 1490	0. 1580	0. 1520	0. 1590	0. 1680

注：*** 、** 和 * 分别表示在 1% 、5% 和 10% 的水平上显著（双尾检验）；括号内的数值表示 T 值。

表 3 - 3 的回归结果（1）和回归结果（2）是以样本公司本年是否遭遇

反生态倾销（AD_t）为被解释变量，回归结果（3）和回归结果（4）是以样本公司下一年是否遭遇反生态倾销（AD_{t+1}）为被解释变量。回归结果（1）和回归结果（3）是仅加入企业环保投资（ENI）、年份和行业控制变量的回归，回归结果（2）和回归结果（4）是进一步加入其他控制变量的回归。回归结果（1）和回归结果（2）显示，企业环保投资（ENI）与企业是否遭遇反生态倾销变量（AD_t）在 10% 水平上显著负相关，相关系数分别为 -6.5610 和 -6.5850，即企业的环保投资力度越大，企业当年遭遇反生态倾销的风险越小，这说明假设 H3 - 1 不成立。这表明，影响反倾销调查的信息不仅仅是企业年报，企业季报甚至月报中所显示的环保投资信息对当年的反生态倾销同样具有遏制作用。回归结果（3）和回归结果（4）显示，企业环保投资（ENI）与企业在下一年是否遭遇反生态倾销变量在 5% 水平上显著负相关，相关系数分别为 -8.0240 和 -8.0530，即企业加大环保投资力度，可以大大降低企业在下一年遭遇反生态倾销的风险，笔者提出的假设 H3 - 2 得到验证。为了考察企业环保投资在更长期限对反生态倾销的影响，表 3 - 3 的回归结果（5）是以样本公司在未来两年是否遭遇反生态倾销（AD_{t+2}）为被解释变量，并以 2010～2015 年为样本期进行回归分析，结果显示，企业环保投资（ENI）与反生态倾销（AD_{t+2}）在 10% 的水平上显著负相关，相关系数为 -5.6360。这表明，从长期（两年）来看，企业环保投资对反生态倾销依然具有遏制作用。

（四）稳健性检验

为了验证实证结果的稳健性，笔者运用倾向得分匹配法（PSM）来进行检验。倾向得分匹配是通过多种匹配方法找到与处理组尽可能相似的对照组进行配对分析，由此得出的控制组与处理组样本中可以排除控制变量等的混淆作用，从而得出较好的比较研究变量的效果。把倾向得分匹配应用于本部分研究是基于这样的考虑：将样本中有环保投资的企业视为处理组，而未发生环保投资的企业视为控制组，随后再根据相应的匹配方法将两组企业进行一一匹配，使得匹配后的两组企业除了有无环保投资之外，其他特征变量均保持一致。经过倾向得分匹配处理后形成的控制组就是处理组的"反事实情形"，这样就可以排除掉其他特征变量的混淆，直接比较同一家企业的环保投资增加与否对遭到反生态倾销制裁的影响。为了评估企业增加环保投资的效果，笔者选取 2010～2016 年作为样本期，选择部分控制变量作为衡量企业多维度的特征变量，并以半径 0.01 进行半径匹配。在半径匹配后又再次进行回归。匹配变量后的平衡性检验如表 3-4 所示。

表 3-4　　　　　　　　　　匹配变量后的平衡性检验

匹配变量	处理组均值	控制组均值	标准偏差（%）	标准偏差减少	T 值
EXP	0.2017	0.2133	-5.3000	80.3000	-1.2800
NAT	0.5327	0.5592	-5.5000	50.6000	-1.2200
SIZE	22.3640	22.2880	6.9000	81.6000	1.5000
GPM	0.2071	0.2080	-0.6000	74.2000	-0.1600
DAR	0.4733	0.4809	-3.9000	38.1000	-0.8800
GROW	0.1632	0.1684	-2.2000	4.2000	-4.0900

根据表 3-4 可知，各变量在匹配后大多数变量的标准偏差在不同程度上缩小，各标准偏差的绝对值均小于 10%，这表明处理组和控制组的样本均值在统计学上已无显著差异，所以匹配效果较好。随后，为验证前文所提出的假设，笔者在半径匹配后又再次进行了回归。匹配后的回归结果如表 3-5 所示。

表 3-5　　　　　　　　　　匹配后的回归结果

变量	(1) AD_t	(2) AD_{t+1}	(3) AD_t	(4) AD_{t+1}
ENI	-6.1490*	-5.6850*	-5.2850*	-4.6810*
CONTROLS	控制	控制	控制	控制
常数项	-10.8920***	-11.8830***	-1.1700	-2.1040
样本量	1855	1855	1855	1855
Cox & Snell R²	0.1340	0.1330	0.0390	0.0380
Nagelkerke R²	0.2260	0.2250	0.0650	0.0620

注：***、** 和 * 分别表示在 1%、5% 和 10% 的水平上显著（双尾检验）。

根据表 3 - 5 的回归结果显示，各变量系数的正负关系，以及变量在模型中的显著性与之前的回归结果相一致，前文的实证结果得到了验证。

六、研究结论与建议

笔者以 2010 ~ 2016 年沪深 A 股 265 家重污染行业出口企业上市公司数据为样本，采用二元 Logistic 回归模型，实证检验企业环保投资与反生态倾销的关系。经研究发现，企业环保投资与企业是否遭遇反生态倾销变量显著负相关，即企业加大环保投资力度，不仅对下一年的反生态倾销具有显著遏制作用，而且对当年和下两年的反生态倾销也同样具有显著遏制作用。根据本部分的研究结论，笔者提出如下建议：

（1）强化企业环保投资的政府监管。《中华人民共和国环境保护法》明确规定，保护环境是国家的基本国策。环境属于公共产品，政府是环境保护的第一责任人，同时也是生态倾销的主体之一，充分发挥政府"有形之手"对企业环保投资的制度引领作用，是规范企业环保投资行为，缩短中国与发达国家环保投资差距，以及规避国外对华反生态倾销的必由之路。因此，在全面深化改革的新时代，政府有关部门应强化对企业环保投资的监管，重点抓好以下工作：第一，全面实行与"环境友好型"国家趋同的环境标准，通过不断的制度创新来引领企业加大环保投资力度，加快环境成本内部化进程；第二，将企业负责人作为环保的责任主体，加大对环境违法违规企业负责人的处罚力度，提高其违法成本；第三，将环保投资纳入企业尤其是重污染行业企业绩效评价指标体系，以便在考核企业财务绩效的同时也要考核其环境责任履行情况；第四，建立企业环保投资的激励约束机制，对于环保投资卓有成效或不达标的企业负责人要奖罚分明，从而激发企业环保投资的主动性和责任感。

（2）加大企业环保投资的政策扶持力度。数据显示，超过 80% 的环境污染物产生于企业，企业已然成为资源消耗与环境污染的主要制造者（沈红波等，2012）。企业是环境污染的源头，环境保护必须从源头抓起。但由于企业环保投资难以为企业带来直接的经济利益，并且具有投资多、周期长等特点，这就决定着企业并没有主动开展环保投资的意愿（Orsato，2006）。因此，对企业环保投资应予以必要的政策扶持。第一，环境作为公共产品，具有明显的经济外部性特征，对企业环保投资给予政府补助，是对企业因履行环保责任而付出的经济补偿，同时也是对企业在环保方面所做贡献的奖励；第二，摒弃传统的"先污染，后治理"做法，树立"先预防，后治理"的现代环保理念，政策扶持的重点应从事后转为事前，即鼓励企业采用先进环保设备和环保技术，加大企业环保预防性投资的政策扶持力度。

（3）完善企业环保投资的会计核算和信息披露。按照会计上的重要性要求，环保投资信息应为企业重点披露的信息。为了满足会计信息使用者对企业环保投资信息的需求，现行企业环保投资的会计核算应做以下改进：第一，在"在建工程""固定资产""无形资产""生物资产"总分类账户下均应设置"环保用"明细分类账，用来核算企业有关环保资产的增减变动情况，并为企业环保资产折旧和摊销的计算创造条件；第二，增设"环保税费"总分类账户，用来核算企业环保税费、环保固定资产折旧、环保无形资产摊销、环保部门员工薪酬，以及预提环保准备金等相关业务；第三，反倾销调查机构是出口企业会计信息的主要使用者之一，按照会计相关性要求，中国出口企业应在对外披露财务报告的附注中，将现行制造成本法下的产品成本信息转换为反倾销规则所要求的完全成本信息，以便于信息使用者对企业产品成本中环境成本信息的分析与利用。

（4）建立环保准备金制度。环保准备金，是指为了应对环境污染突发性事件而建立的一项专项基金。重污染企业极易发生非人力所能控制的环境污染突发性事件，虽然这种事件有的属于非常原因所导致，有的属于企业日常活动所引发，但实质上均为生产经营活动所累积环境损害风险的集中释放，且一旦发生，其环境修复费用高昂而集中。因此，按照企业营业收入的一定比例计算提取环保准备金，并在税前列支，既符合会计上的谨慎性要求，也体现了税收政策对企业履行环境保护责任的支持，更是为企业日后发生环境污染重大事件时进行环境修复提供物质上的保障。建立环保准备金制度，是中国企业环境损害风险管控对税收和会计制度创新的呼唤，同时也是推动企业加快实施环境成本内部化进程的战略性举措。

第二节　雾霾困城、短期信贷与企业成长性

一、问题的提出

改革开放以来，中国在经济发展方面的成绩喜人，已经取得了举世瞩目的成就与成果（黄寿峰，2017），中国的经济总量和人均收入水平均已经跃居世界前列，并在世界中高收入经济体行列中拥有一席之地（陈诗一、陈登科，2018）。但与此同时，以"高污染、高排放、高能耗"为主要特点的粗放式经济增长方式，也导致中国环境污染情况较为严重（黄寿峰，2017）。恶劣的大气质量已经影响到人们的身心健康与生活品质。很显然，转变经济增长方式，实施绿色发展战略已经刻不容缓。党和政府高度重视经济发展与环境保护之间的冲突与协调问题，已将环境污染治理工作提升到了前所未有的高度，中共十八大和中共十九大已明确指出生态环境、污染防治与绿色发展的重要性。

为了治理雾霾污染等环境问题，中共十八大以后，中国政府逐步加大环保法律法规建设力度和环保执法强度，先后修订了《中华人民共和国环境保护法》《中华人民共和国大气污染防治法》《环境空气质量标准》，并相继出台了《大气污染防治行动计划》《中华人民共和国环境保护税法》。环保法律法规是规范企业环境行为的根本制度，也是引导企业履行环境保护责任的"有形之手"。毫无疑问，随着中国环保法律法规的日趋完善，企业尤其是重污染企业所面临的制度环境发生了巨大变化，其融资、投资及经营行为不可避免也会受到影响。那么，雾霾污染对重污染企业行为的影响究竟如何？学术界对此虽然也开始了有益的探索和研究（刘运国、刘梦宁，2015；盛明泉等，2017；罗开艳、田启波，2019），但研究视角主要集中在环境质量对重污染企业盈余管理以及融资和投资行为的影响方面。有鉴于此，笔者拟就雾霾污染程度对重污染企业短期信贷及成长性的影响展开研究，即主要回答以下问题：第一，雾霾污染是否会降低重污染企业的短期信贷融资能力及成长性？

第二，重污染企业短期信贷融资能力的下降是否会加剧雾霾污染对企业成长性的不利影响？

笔者可能的贡献可以概括为：第一，已有文献鲜有关注雾霾污染对微观企业行为的影响，笔者发现雾霾污染与重污染企业短期信贷及企业成长性之间的内在联系，丰富了相关领域的研究；第二，笔者揭示了雾霾污染程度对重污染企业短期信贷融资能力及企业成长性的影响机理，以及重污染企业短期信贷在环境质量与企业成长性之间所起的作用，这对已有文献是有益的补充；第三，重污染企业的绿色转型，既影响企业的生存与发展，也关系到中国污染防治攻坚战的成败，笔者对此提出的政策建议，可供企业和政府有关部门决策参考。

二、理论分析与研究假设

（一）雾霾污染与企业短期信贷融资

优序融资理论（Myers and Majluf，1984）认为，股权融资会向外界传递出企业经营不利的负面信号，因此，企业进行外源融资时的首选并非股权融资，而是通过债务融资渠道。我国污染类企业更是倾向于债务性融资来进行资金的筹集（李培功、沈艺峰，2011）。短期信贷是指企业向银行等金融机构借入，且偿还期不超过一年的资金筹集行为，它是企业债务融资的重要渠道。笔者认为，雾霾污染对重污染企业短期信贷融资能力的影响主要通过以下途径：

（1）重污染企业的信贷融资难度的加大主要源自绿色信贷政策的融资惩罚效应。随着雾霾等环境污染治理攻坚战的全面打响，国家陆续发布了有关绿色信贷政策，旨在通过优化信贷资源配置，引导和推动传统行业淘汰落后产能，加快产业转型升级的进程。按照绿色信贷政策的有关要求，符合环保政策法规的企业是银行等金融机构投放信贷资金时必须优先考虑的对象之一，向重污染企业发放贷款属于严格管控的范畴（苏冬蔚、连莉莉，2018）。这意味着在绿色信贷政策的融资惩罚效应下，重污染企业将被贴上"黑色企业"的标签，面临着债权人撤资或拒绝贷款展期的困境，其短期信贷融资的难度会随之加大。

（2）重污染企业的行业特质会给债权人带来较高的风险感知。债权人的信贷决策与其对资金需求方的"风险感知"息息相关，若债权人的风险感知较高，资金需求方的融资能力亦会随之降低，而行业特质恰恰是影响债权人风险感知的重要因素（解维敏、方红星，2011）。事实上，当雾霾污染较严重时，重污染行业涉及的环境问题往往会引发以下风险：一是环保税费和环保罚没支出激增所引发的财务业绩滑坡甚至断崖式下跌风险；二是被政府环保部门强令限产、停产、关闭所引发的坏账风险；三是发生重大环境事故或违法、违规排放污染物而遭到舆论谴责甚至法律诉讼，进而引发的声誉风险。而债权人出于对上述潜在风险感知的回应，倾向于在信贷合同中加入更多限制性条款或提高债务成本，以限制重污染企业的举债行为。

（3）债权人由雾霾污染加剧所引发的"消极情绪"会对重污染类企业形成较强的信贷融资约束。根据社会心理学理论中的情绪泛化假说（Johnson and Tversky，1983），人们所做出的判断或预期通常与其情绪状态相一致，即越是乐观积极的情绪状态往往会预期较低的风险、预期较高的回报，而悲观消极的情绪则会产生与之相反的心理预期结果。债权人乐观或悲观的心理情绪也是影响信贷决策的重要因素。因此，信贷决策者被恶劣的空气环境所诱发的情绪状态会在很大程度上影响其对贷款项目可行性做出理性的分析判断，尤其是在重度雾霾频频来袭，大众"谈霾色变"之时，信贷决策者甚至还会对重污染企业产生莫名的憎恶甚至愤懑情绪，这对重污染企业的短期信贷融资也会造成极为不利的影响。

基于以上分析，笔者提出如下研究假设：

H3-3：雾霾污染程度越重，重污染企业的短期信贷融资能力会越弱。

（二）雾霾污染与企业成长性

成长性是反映企业在一定时期内的经营能力及发展趋势的财务指标。在资本市场上，高成长的企业不仅能给投资者带来丰厚且稳定的回报，也是推动资本市场健康发展的中坚力量，所以，企业是否具有良好的成长性是投资者等利益相关者最为关注的问题。影响企业成长性的因素固然很多，但就重污染企业而言，在绿色发展的新时代，其固有的环境污染问题无疑是束缚企业成长的主要因素。本书认为，雾霾污染对重污染企业成长性的影响主要通

过以下途径:

(1) 在新的制度环境下,重污染企业的合法性地位面临严峻挑战。合法性理论(Suchman,1995)认为,企业若想生存与发展,其行为应符合法规的要求,否则会因无法获得有限的社会资源而在竞争中落于下风,甚至被淘汰。不可否认,重污染企业对于拉动中国经济高速增长功不可没。然而,在追求经济高质量发展的新时代,重污染企业的污染行为,有的为环保法律法规所不容,有的成为舆论声讨和道德谴责的对象,无法获得合法性认同问题已成为重污染企业发展中的最大障碍。

(2) 产业政策支持的退出,使得重污染企业不再具有优先发展的优势。产业政策是一系列服务于产业发展的具有重大影响的国家宏观大政方针和制度安排的总和(周振华,1990)。如果企业属于产业政策支持行业,则能够在项目审批和核准、税收与土地等方面享受到一系列优惠政策(江飞涛、李晓萍,2010)。相反,不属于产业政策支持行业的企业在融资、投资等方面则会受到严格限制,其成长也会面临诸多不利因素的束缚。自20世纪50年代起,正是在国家优先发展重工业的指令性产业政策推动下,重污染行业实现了快速发展。改革开放以来,虽然国家产业政策由最初的行政指令性逐渐转变为现阶段的指导性,但是其影响力依然体现在对于经济资源的配置(祝继高等,2015),重污染行业所享受的各项优惠政策亦未发生重大的变动。然而,近年来,随着国家各项新环保政策的出台,重污染行业原有的政策红利已不复存在,重污染行业上市公司也纷纷从绩优成长股的阵营中黯然退出。

(3) 政府官员绩效考核制度的变革,使得重污染企业失去来自地方政府的"庇护"。以往部分地方政府官员出于个人政治升迁的考虑,会鼓励本地重污染企业发展,以此拉动经济增长、解决就业问题(罗开艳、田启波,2019),这在客观上助长了重污染企业的污染行为。但自从将大气污染防治效果纳入政府官员绩效考核指标体系后,尤其是中央环境保护督察组对各省(区)开展环境保护督察以来,多地政府官员因大气污染防治不力被严肃问责处理。当经济绩效和环境绩效均为影响官员晋升的重要因素时,地方政府官员不得不权衡经济增长与环境污染之间的关系。这种矛盾权衡会导致地方政府官员对当地重污染企业的污染行为不再态度暧昧,理性的地方政府官员在当地雾霾污染较为严重时更倾向于寻求环境绩效的提升,从而会使得先前作为地方经济增长重要推动力的重污染企业受到"庇护"的政治地位丧失，进而影响到企业现在及未来的发展（罗开艳、田启波，2019）。第四，社会公众对雾霾污染的高度敏感，使得重污染企业的发展缺少人力资本的支持。已有文献表明，雾霾污染影响人类健康的各个方面，如预期寿命（Pope et al.，2015）、婴儿存活率（Chay and Greenstone，2003）、认知能力（Zhang et al.，2018）等，而重污染企业的污染物向大气排放又是形成雾霾的重要原因之一（刘运国、刘梦宁，2015）。因此，当雾霾从一个环保名词演变为一种生存环境的威胁时（刘运国、刘梦宁，2015），社会公众在雾霾污染的困扰下，不仅对重污染企业污染行为深恶痛绝，而且对重污染企业员工工作环境的安全性也是疑虑重重，这给重污染企业的人力资本集聚无疑带来很大的负面影响。很难想象，在知识经济时代，一个民意缺失、人力资本匮乏的企业会在激烈的市场竞争中立于不败之地。

基于以上分析，笔者提出如下研究假设：

H3-4：雾霾污染程度越重，重污染企业的成长性会越差。

（三）企业短期信贷融资对雾霾污染与企业成长性关系的影响

对于企业而言，资金犹如人体的血液，是企业生存与发展的物质基础。短期信贷是企业债务融资的重要渠道，也是企业生产经营临时周转所需资金的主要来源。如果缺少短期信贷资金的支持，企业原材料的购买、员工薪酬的支付，以及税费缴纳和股利发放等日常开支都会陷入捉襟见肘的困境，甚至发生债务违约的财务危机。因此，无论是以往国家产业政策对重污染企业的支持，以及地方政府对重污染企业的"庇护"，还是当前新的制度环境对重污染企业行为的不利影响，都离不开信贷政策与之配合。换而言之，在雾霾污染影响重污染企业成长性的过程中，至少部分地通过短期信贷融资的路径而发挥作用，即短期信贷融资是雾霾污染对重污染企业成长性产生影响的部分中介变量。

基于以上分析，笔者提出如下研究假设：

H3-5：重污染企业的短期信贷融资在雾霾污染与企业成长性关系中发挥部分中介效应。

三、研究设计

(一) 变量选取与模型构建

1. 变量选取

(1) 雾霾污染程度 (*SMOG*)。鉴于数据的可得性,笔者参考薛爽等 (2017)、罗开艳和田启波 (2019) 的做法,采用企业所在城市当年每日空气质量指数 (*AQI*) 的标准差来衡量当地的雾霾污染程度,并对其进行对数化处理。这样做既可以尽可能地消除异方差现象,又可以有效地避免变量之间的剧烈波动,消除量纲的影响。

(2) 短期信贷 (*SLOAN*)。由于连续变量更能反映出短期信贷变动的内涵,因此笔者参考黎凯和叶建芳 (2007)、祝继高等 (2015) 的做法,以短期借款及一年内到期借款除以短期借款、长期借款及一年内到期借款来衡量企业的短期信贷融资能力。

(3) 企业成长性 (*GROW*)。参考吕长江和韩慧博 (2001)、黎凯和叶建芳 (2007) 的做法,笔者以企业当年营业收入与上年营业收入的差额除以上年营业收入,即营业收入增长率来代表企业的成长性。

(4) 控制变量。笔者参考唐国平等 (2013)、毕茜和于连超 (2016)、王红建等 (2017) 的做法,选取产权性质 (*STATE*)、公司规模 (*SIZE*)、股权集中度 (*CON*)、高管薪酬 (*BONUS*)、独立董事比例 (*INR*)、长期负债比率 (*LTA*)、年份 (*YEAR*) 及行业 (*INDUSTRY*) 虚拟变量作为控制变量来排除其他因素的干扰。

2. 模型构建

为检验企业短期信贷在雾霾污染程度与企业成长性之间的中介效应,笔者借鉴巴罗和肯尼 (Baron and Kenny, 1986) 的逐步检验法 (causal step approach),依次构建三个模型。具体检验过程如下:首先,通过最小二乘法 (OLS) 检验模型 (3 – 2) 中雾霾污染程度 (*SMOG*) 的系数是否显著,如不显著,则停止中介效应的检验;如显著,则为验证中介效应做出重要铺垫。其次,通过普通最小二乘法 (OLS) 检验模型 (3 – 3) 中雾霾污染程度 (*SMOG*) 系数是否显著,如显著,则表明雾霾污染程度 (*SMOG*) 能够显著影响企业短期信贷（SLOAN）。最后，通过普通最小二乘法（OLS）检验模型（3-4）中雾霾污染程度（SMOG）和企业短期信贷（SLOAN）的系数是否显著。如企业短期信贷（SLOAN）系数显著，则表明企业短期信贷（SLOAN）在雾霾污染程度（SMOG）与企业成长性（GROW）之间发挥中介效应；如两者同时显著，且模型（3-4）中雾霾污染程度（SMOG）的系数绝对值小于模型（3-2）中雾霾污染程度（SMOG）系数的绝对值，则表明上述中介效应为部分中介效应；如雾霾污染程度（SMOG）的系数不显著，企业短期信贷（SLOAN）系数显著，则说明上述中介效应为完全中介效应；如企业短期信贷（SLOAN）系数不显著，则需进一步做 Sobel 检验。

为了检验雾霾污染程度（SMOG）对企业成长性（GROW）的总体影响，笔者构建模型（3-2）如下：

$$GROW_{i,t} = \alpha_0 + \alpha_1 SMOG_{j,t} + \alpha_2 CONTROL_{i,t} + \varepsilon_{i,t} \qquad (3-2)$$

为了检验雾霾污染程度（SMOG）对企业短期信贷（SLOAN）的影响，笔者构建模型（3-3）如下：

$$SLOAN_{i,t} = \beta_0 + \beta_1 SMOG_{j,t} + \beta_2 CONTROL_{i,t} + \mu_{i,t} \qquad (3-3)$$

为了检验雾霾污染程度（SMOG）、企业短期信贷（SLOAN）对企业成长性（GROW）的影响，笔者构建模型（3-4）如下：

$$GROW_{i,t} = \gamma_0 + \gamma_1 SMOG_{j,t} + \gamma_2 SLOAN_{i,t} + \gamma_3 CONTROL_{i,t} + \varphi_{i,t} \qquad (3-4)$$

在模型中，$SMOG_{j,t}$ 代表企业所在城市 j 在 t 时期的雾霾污染程度；$SLOAN_{i,t}$ 代表企业 i 在 t 时期的短期信贷；$GROW_{i,t}$ 代表企业 i 在 t 时期的成长性；$CONTROL_{i,t}$ 代表控制变量，具体包括产权性质（STATE）、公司规模（SIZE）、股权集中度（CON）、高管薪酬（BONUS）、独立董事比例（INR）、长期负债比率（LTA）和年份（YEAR）、行业（INDUSTRY）等变量。变量的定义如表3-6所示。

表3-6　　　　　　　　　　　　变量及其定义

变量类型	变量名称	变量符号	变量定义
主要变量	雾霾污染程度	SMOG	企业所在地当年每日空气质量指数的标准差加 1 取自然对数
	短期信贷	SLOAN	短期借款及一年内到期借款/短期借款、长期借款及一年内到期借款

续表

变量类型	变量名称	变量符号	变量定义
主要变量	企业成长性	*GROW*	（企业当年营业收入 - 企业上年营业收入）/企业上年营业收入
控制变量	产权性质	*STATE*	第一大股东为国有股 =1，否则 =0
	公司规模	*SIZE*	企业的期末总资产额的自然对数
	股权集中度	*CON*	企业第一大股东的持股比例
	高管薪酬	*BONUS*	企业高管人员薪酬数前三位薪酬总和的自然对数
	独立董事比例	*INR*	独立董事人数/董事会人数
	长期负债比率	*LTA*	长期负债/总资产
	年份	*YEAR*	年度虚拟变量
	行业	*INDUSTRY*	行业虚拟变量

（二）研究样本与数据来源

因中国各地气象部门在 2014 年开始以空气质量指数（*AQI*）作为空气质量评价指标，为保证计算口径的一致性，故笔者用来衡量雾霾污染程度所使用的数据为 2014～2018 年的中国各城市空气质量指数（*AQI*），同时，与空气质量数据相匹配的企业数据亦选取 2014～2018 年沪深 A 股重污染行业上市公司的数据。生态环境部于 2008 年所发布的《上市公司环保核查行业分类管理目录》是划分重污染行业的依据。现阶段影响城市空气质量的首要污染物是 PM2.5，故笔者以上市公司所在城市的空气质量指数（*AQI*）来衡量企业所在地的雾霾污染程度，并根据数据的可获得性及研究需要，对样本按下列原则进行筛选：第一，剔除上市时间短于样本期 5 年，以及财务数据缺失的公司；第二，剔除样本公司中被特别处理的公司即 ST、*ST 公司。本部分最终经过筛选，得到了符合标准的上市公司样本 377 家，1885 个年度观测值。城市空气质量指数（*AQI*）、短期借款、一年内到期借款、长期借款、营业收入、产权性质（*STATE*）、公司总资产额、股权集中度（*CON*）、高管薪酬数额、独立董事比例（*INR*）、长期负债比率（*LTA*）等数据都从国泰安 CSMAR 数据库采集。

四、实证分析

（一）描述性统计分析

从表 3-7 可以看出，雾霾污染程度（*SMOG*）的最大值为 4.3175，均值为 2.9222，标准差为 0.4370，这表明有的样本公司所在地出现极端天气，空气质量较差，为重度污染，而大部分样本公司所在地的空气质量则为良好；短期信贷（*SLOAN*）的均值为 0.7017，标准差为 0.3416，这说明样本中大部分公司的短期信贷融资能力较强；企业成长性（*GROW*）的最大值为 33.0723，最小值为 -0.7652，均值为 0.1791，标准差为 1.2005，这表明样本公司的成长性差别较大，且大多数样本公司的主营业务收入增长率已超过 10%，具有较好的成长性，但个别公司已进入衰退期；产权性质（*STATE*）的均值为 0.5300，标准差为 0.4990，说明样本中有控股性质的公司略多；公司规模（*SIZE*）的均值为 22.6635，标准差为 1.1791，说明样本公司的总资产额相差较大；股权集中度（*CON*）均值为 0.3670，标准差为 0.1507，这说明大多数样本公司的第一大股东持股比例普遍较高，拥有绝对的话语权；高管薪酬（*BONUS*）的均值为 14.3181，标准差为 0.7276，这表明各企业高管人员的薪酬差距不大；独立董事比例（*INR*）均值为 0.3785，最小值为 0.3333，最大值为 0.6666，这表明样本公司均已达到相关法规的要求，即聘用的独立董事人数占到了董事会人数的 1/3 以上；长期负债比率（*LTA*）均值为 0.0478，标准差为 0.0735，这表明大多数样本公司长期负债比例较低。

表 3-7　　　　　变量的描述性统计（*N* = 1885）

变量	最小值	最大值	均值	标准差
SMOG	0	4.3175	2.9222	0.4370
SLOAN	0	1	0.7017	0.3416
GROW	-0.7652	33.0723	0.1791	1.2005
STATE	0	1	0.5300	0.4990
SIZE	19.9780	26.5810	22.6635	1.1791

续表

变量	最小值	最大值	均值	标准差
CON	0.0360	0.8384	0.3670	0.1507
BONUS	12.0000	18.0490	14.3181	0.7276
INR	0.3333	0.6666	0.3785	0.0591
LTA	0	0.5674	0.0478	0.0735

（二）相关性分析

Pearson 相关系数检验显示，雾霾污染程度（SMOG）与短期信贷（SLOAN）、企业成长性（GROW）之间显著相关，需要进一步的检验各变量的因果关系。前文所列示的各变量之间的相关系数小于0.4，这表明笔者所设定模型基本上不存在多重共线性问题。

（三）回归分析

雾霾污染程度、短期信贷与企业成长性关系的回归分析结果如表3-8所示。

表3-8　　　　回归分析

解释变量	模型（3-2）被解释变量 GROW	模型（3-3）被解释变量 SLOAN	模型（3-4）被解释变量 GROW
常数项	-0.0470 (-0.0630)	0.9300 *** (4.6570)	0.1150 (0.1540)
SMOG	-0.2270 ** (-1.9340)	-0.0420 *** (-2.3500)	-0.1350 ** (-2.0420)
SLOAN			-0.1740 ** (-2.0170)
STATE	-0.0300 (-0.4990)	-0.0640 *** (-3.9460)	-0.0410 (-0.6810)
SIZE	0.1020 *** (3.4410)	0.0030 (0.3680)	0.1030 *** (3.4610)

续表

解释变量	模型（3-2）	模型（3-3）	模型（3-4）
	被解释变量 *GROW*	被解释变量 *SLOAN*	被解释变量 *GROW*
CON	0.1080 (0.5260)	-0.3080 *** (-5.5930)	0.0540 (0.2630)
BONUS	-0.0950 ** (-2.2070)	-0.0040 (-0.3650)	-0.0960 ** (-2.2250)
INR	0.1120 (0.2340)	0.2960 ** (2.3010)	0.1630 (0.3410)
LTA	0.0780 (0.2070)	-0.0700 (-0.6910)	0.0650 (0.1750)
YEAR	控制	控制	控制
INDUSTRY	控制	控制	控制
观测值	1885	1885	1885
F 值	2.8410	12.3930	2.8930
调整 R²	0.0240	0.1310	0.0250

注：***、** 和 * 分别表示在 1%、5% 和 10% 的水平上显著（双尾检验）；括号内的数值表示 T 值。

表 3-8 的回归结果中，模型（3-2）和模型（3-3）分别以企业成长性（*GROW*）、短期信贷（*SLOAN*）为被解释变量，并同时以雾霾污染程度（*SMOG*）为解释变量；模型（3-4）是以企业成长性（*GROW*）为被解释变量，雾霾污染程度（*SMOG*）与短期信贷（*SLOAN*）同时为解释变量。模型（3-2）至模型（3-4）均控制了产权性质（*STATE*）、公司规模（*SIZE*）、股权集中度（*CON*）、高管薪酬（*BONUS*）、独立董事比例（*INR*）、长期负债比率（*LTA*）、年份（*YEAR*）和行业（*INDUSTRY*）等变量，并选取 2014～2018 年的 377 家上市公司数据为样本而进行的回归分析。模型（3-2）的回归结果显示，雾霾污染程度（*SMOG*）与企业成长性（*GROW*）在 5% 的水平上显著负相关，相关系数为 -0.2270，即雾霾污染程度（*SMOG*）越重，企业成长性（*GROW*）越差，假设 H3-4 得到验证。这表明，随着雾霾污染程度的加剧，重污染企业当年的营业收入增长率通常会降低，企业获取经营性

收益的能力会下降。模型（3-3）的回归结果显示，雾霾污染程度（$SMOG$）与短期信贷（$SLOAN$）在1%的水平上显著负相关，相关系数为-0.0420，即雾霾污染程度（$SMOG$）越重，企业的短期信贷（$SLOAN$）融资能力会越低，假设 H3-3 得到验证。模型（3-4）的回归结果显示，雾霾污染程度（$SMOG$）与企业成长性（$GROW$）在5%的水平上显著负相关，相关系数为-0.1350；企业短期信贷（$SLOAN$）与企业成长性（$GROW$）在5%的水平上显著负相关，相关系数为-0.1740。通过模型（3-2）至模型（3-4）的回归结果可知，雾霾污染程度（$SMOG$）的系数均显著，且在模型（3-4）中的企业短期信贷（$SLOAN$）的系数也显著，不仅如此，在模型（3-4）中雾霾污染程度（$SMOG$）系数的绝对值 0.1350 小于模型（3-2）中雾霾污染程度（$SMOG$）系数的绝对值 0.2270。由此可知，短期信贷（$SLOAN$）在雾霾污染程度（$SMOG$）与企业成长性（$GROW$）之间发挥了部分中介效应，假设 H3-5 得到验证。

（四）稳健性检验

为验证前文所提出的研究假设以及克服模型内生性问题，笔者使用工具变量法来进行稳健性检验。在模型（3-2）和模型（3-4）中均加入企业现金持有水平（$CASH$）这一工具变量，并进行两阶段最小二乘法（2SLS）回归。因为当雾霾污染程度增加时，重污染企业很可能会因排放污染物而遭到环保部门的重罚，造成货币资金的支出增加，现金持有量的减少；另外，企业现金持有水平（$CASH$）增加或者减少不一定会影响到企业营业收入的增减变化。因此，企业现金持有水平（$CASH$）与雾霾污染程度（$SMOG$）有关，但与企业成长性无关，可以选为模型的工具变量。企业现金持有水平（$CASH$）以现金及现金等价物除以总资产与现金及现金等价物的差值来度量（Opler et al.，1999）。在模型（3-3）中加入样本公司所在地每年平均降水量（$RAIN$）的对数这一工具变量，并进行两阶段最小二乘法（2SLS）回归。因为，当降水量（$RAIN$）足够大时可以对雾霾起到湿沉降的作用；但当降水量（$RAIN$）较少时反而会因环境湿度增大而加重雾霾；另外，降水量（$RAIN$）不会影响到企业的短期信贷融资能力。因此，样本公司所在地每年平均降水量（$RAIN$）与雾霾污染程度（$SMOG$）有关，但与企业短期信贷融资能力无关，可以被选为模型的工具变量。加入工具变量的回归分析如表 3 – 9 所示。

表 3 – 9　　　　　　　　　　　加入工具变量的回归分析

解释变量	模型 (3 – 2)	模型 (3 – 3)	模型 (3 – 4)
	被解释变量 GROW	被解释变量 SLOAN	被解释变量 GROW
常数项	4.8910 * (1.6980)	1.1150 *** (4.8270)	3.8860 (1.5540)
SMOG	− 1.6890 ** (− 1.9330)	− 0.1000 ** (− 2.4740)	− 1.3070 ** (− 1.7700)
SLOAN			− 0.2570 ** (− 2.4060)
CONTROL	控制	控制	控制
YEAR	控制	控制	控制
INDUSTRY	控制	控制	控制
观测值	1885	1885	1885
F 值	2.2220	12.3460	2.4600
调整 R^2	0.0160	0.1310	0.0200

注：*** 、** 和 * 分别表示在 1%、5% 和 10% 的水平上显著（双尾检验）；括号内的数值表示 T 值。

由表 3 – 9 可知，两阶段最小二乘法（2SLS）回归中，雾霾污染程度（SMOG）在模型（3 – 2）、模型（3 – 3）和模型（3 – 4）中的参数估计值均显著为负；短期信贷（SLOAN）在模型（3 – 4）中的参数估计值亦显著为负，且模型（3 – 4）中雾霾污染程度（SMOG）系数的绝对值 1.3070 小于模型（3 – 2）中雾霾污染程度（SMOG）系数的绝对值 1.6890。通过表 3 – 9 的检验结果可知，变量的显著性与符号和前文的回归结果基本一致，笔者所提出的研究假设得到进一步的验证。

五、研究结论与建议

笔者以 2014 ~ 2018 年沪深 A 股 377 家重污染行业上市公司数据为样本，

采用最小二乘法回归,实证检验雾霾污染、短期信贷与企业成长性之间的关系。研究发现:第一,雾霾污染程度越重,重污染企业短期信贷融资能力会越弱;第二,雾霾污染程度越重,重污染企业成长性会越差;第三,重污染企业短期信贷在雾霾污染程度与企业成长性两者关系中发挥部分中介效应。

根据前文的研究结论,笔者提出如下建议:第一,面对雾霾污染所引致的新的制度环境,重污染企业要想重新获得合法性认同,除了严格遵守国家环保法律法规外,还必须积极投身绿色转型的行动中,要依靠符合环保要求的新技术、新设备、新工艺来扩大产能、提升绩效,进而实现由"黑色企业"到"绿色企业"的蜕变。第二,政府应加大重污染企业绿色转型的政策扶持力度,即运用补贴、奖励以及税收优惠等政策鼓励企业的绿色研发、绿色改造等绿色投资行为,最大限度减轻企业因绿色转型投入的增加而形成的短期财务绩效压力。第三,银行等金融机构应切实贯彻绿色信贷政策,不仅要对企业的绿色投资项目给予信贷支持,更要对绿色转型中的企业短期信贷融资施以援手,以助力重污染企业破解"钱荒"的困局,早日步入绿色发展的良性循环。第四,完善现行企业绩效评价制度,将环境责任履行情况纳入企业绩效评价指标体系当中,尤其是对重污染企业,既要考核财务绩效,也要考核环境绩效。同时,应加大对环境违法违规企业负责人的处罚力度,提高其违法违规成本。

第三节　环境信息披露与企业创新

一、问题的提出

当前,创新不仅是现代企业获取和维持竞争优势的必然选择,也是推动国家技术进步和经济高质量发展的中坚力量。重大科技创新成果是关系到国家经济、国防等方面安全的国之重器,一定要依靠自主研发使之牢牢掌握在我们自己手中。企业是国民经济的细胞单位,同时也是国家的创新主体,企业层面创新成果的汇聚决定了国家整体的创新水平。因此,在中国发展的新时代,如何进一步完善企业的制度环境以提升企业创新能力,已成为我国加快建设创新型国家进程中亟待解决的重要问题。

近年来，随着国家创新驱动发展战略的深入实施，越来越多的研究开始关注企业创新的动因。研究的结果表明，影响企业创新的因素来自诸多方面，如宏观产业政策（黎文靖、郑曼妮，2016；齐绍洲等，2017）、环境规制（景维民、张璐，2014；齐绍洲等，2018；罗斌等，2020；王珍愚等，2020；李依等，2021）、政府补助（解维敏等，2009；张杰等，2015；杨芷晴等，2019；郑飞等，2021）、融资约束（解维敏、方红星，2011；董有德、陈蓓，2021；钱雪松等，2021），以及企业信息披露（张秀敏等，2016；张文菲、金祥义，2018；徐辉等，2020；张哲、葛顺奇，2021）等。毫无疑问，已有研究在为促进企业创新献计献策的同时，也为后续研究提供了可资借鉴的理论和方法。但经文献梳理不难发现，已有研究中很少基于企业环境信息披露的视角来探索污染类企业创新能力的影响因素，而这一问题正是该领域研究的核心。

不同于一般企业，污染类企业的创新活动具有更加显著的正外部性特征（原毅军、谢荣辉，2015），其披露的履行环境保护责任的信息也是企业外部利益相关者最为关注的信息。在当前"绿水青山就是金山银山"的绿色、可持续发展理念下，污染类企业能否通过技术研发来改变高能耗、高排放、高污染的生产方式和经营模式，能否在环境表现和履行环境保护责任方面交出一份让社会各界普遍满意的"答卷"，这不仅关系到企业的生存与发展，也会对我国实现经济发展和环境保护双赢的战略目标产生重要影响。基于此，笔者拟就污染类企业环境信息披露对企业创新能力的影响展开研究，即试图回答以下问题：第一，污染类企业环境信息披露是否对企业创新能力产生影响？第二，污染类企业环境信息披露是通过何种路径影响企业的创新能力？第三，媒体关注、产权及行业异质性在污染类企业环境信息披露对企业创新能力的影响中有何作用？

笔者可能的贡献在于：第一，已有文献鲜有关注企业环境信息披露对污染类企业创新能力的影响，笔者基于融资约束这一中介变量对此进行较深入的研究，这对环境信息披露经济后果和企业创新动因的文献是重要的补充。第二，笔者分别揭示了媒体关注、产权及行业性质在污染类企业环境信息披露对企业创新能力的影响中所具有的调节作用，这丰富了相关领域的研究。第三，笔者的研究结论，为政府有关部门、银行等金融机构和污染类企业的相关决策提供了有益启示。

二、理论分析与研究假设

（一）环境信息披露与企业创新能力

创造性破坏理论（Schumpter，1942）认为，企业为获取超额利润并保持竞争力需淘汰落后的技术及生产体系，并通过自身不断的创新来实现企业的发展。创新能力是企业持续经营及保持竞争力的决定性要素。然而，在所有权与经营权分离的现代企业中，经理人追求自身利益最大化可能会损害股东的利益，从而产生代理问题（Jensen and Meckling，1976）。也就是说，企业实际管理者会出于自利动机而隐瞒重要的甚至是负面的信息，从而使得所有者无法及时预估风险，造成经济利益受损。尤其是创新产出的收益具有跨期性，创新项目的关键信息也不便对外披露，这都会产生严重的信息不对称及代理问题，从而为管理者操纵研发活动以追求私利提供便利条件（徐辉等，2020）。内部控制虽然可以防范"内部人控制"下的"逆向选择"和"道德风险"，但如内部控制自身存在重大缺陷，亦不利于企业持续的增加创新投入（倪静洁、吴秋生，2020）。企业的创新行为一般是建立在社会信任的基础之上，社会信任会有助于企业获取商业信用贷款，为企业创新提供资金支持，从而增加企业发明专利申请数量（李双建等，2020）。而社会公众环境知情权的缺失和企业的环境失信行为将导致社会公众利益受损，并失信于利益相关者，最终导致企业的研发创新处于停滞不前的状态（张哲、葛顺奇，2021）。可见，由于现代企业两权分离的特征，以及企业创新行为对社会资源的高度依赖性，亟须有效的信息披露机制来缓解企业与股东等外部利益相关者之间的代理冲突和信息不对称问题，进而推动企业的创新活动。

环境信息披露作为一种有效的企业信息披露机制，可以增强企业环境信息的透明度，为企业与利益相关者之间的信息沟通搭建一个桥梁（Inoue，2016），这样不仅有助于潜在的投资者了解企业环境责任受托履行情况及未来发展规划，形成对企业价值的合理评估并做出有效的决策（Hamilton，1995），还可以产生对信息披露方的潜在监督作用，迫使企业的实际管理者收敛其出于占据信息资源优势而压榨外部投资者利益的行为（王芸、谭希倩，2021），进而缓解利益冲突、降低代理成本和提高盈余质量（胡俊南、王宏辉，2019）。由于环境信息是社会评估企业环境风险的主要信息来源，所以高质量的环境信息披露也是企业获得外部利益相关者认可的重要途径。例如，环境绩效良好的企业往往会通过环境信息"告白"行为来获得投资者的认可（沈洪涛等，2014）；为了获得、维持或修复合法性地位，企业大都会通过披露对自身有利的环境信息来塑造良好形象和释放"利好"信号，以此争取利益相关者的理解、支持和信任，从而为企业实施创新战略创造不可或缺的条件（赵晶、孟维烜，2016；张秀敏等，2016）。此外，环境信息披露还具有信息增量效应，它既可以改善利益相关者对企业的整体评价，又有助于银行等利益相关者督促企业制定合理的研发方案，规范研发行为，讲求研发资金利用效率，降低研发失败风险，进而提升企业创新能力（Ball et al.，2018；张文菲、金祥义，2018；徐辉等，2020）。基于上述分析，笔者提出如下研究假设：

H3-6：环境信息披露有助于污染类企业提升创新能力。

（二）环境信息披露、融资约束与企业创新能力

企业开展创新活动，离不开研发资金的投入（Aghion and Howitt，1992）。企业从事生产经营活动同样也离不开资金的投入。可以说，资金是保证企业日常经营活动流动性的根本，也是支撑企业研发创新的物质基础。债务融资和股权融资是企业所需资金的主要来源。优序融资理论（Myers and Majluf，1984）认为，股权融资会向外界传递出企业经营不利的负面信号，因此，企业进行外源融资时的首选方案并非股权融资，而是通过债务融资渠道。已有研究表明，我国污染类企业更是倾向于债务性融资来进行资金的筹集（李培功、沈艺峰，2011）。当"融资难"和"融资贵"已成为污染类企业普遍存在的"老大难"问题时，能否缓解债务融资约束显然是影响企业尤其是污染类企业研发和创新活动的关键（张杰等，2012；董有德、陈蓓，2021；钱雪松等，2021）。

污染类企业面临的债务融资约束可能主要来自以下两方面：一是绿色信贷政策的融资惩罚效应。随着我国污染防治攻坚战的全面打响，国家陆续出台了绿色信贷政策，要求金融机构投放信贷资金时必须优先考虑符合环保法

律法规和政策的企业，拒绝或严格控制向重污染企业发放贷款（苏冬蔚、连莉莉，2018）。这意味着污染类企业大多属于绿色信贷政策的"融资惩罚"对象，其"黑色企业"的标签使得企业难以获得信贷资金的支持。二是行业特质给债权人带来的高风险感知。债权人的信贷决策与其对资金需求方的"风险感知"息息相关，若债权人的风险感知较高，资金需求方的融资能力亦会随之降低，而行业特质恰恰是影响债权人风险感知的重要因素（解维敏等，2009）。由于污染类企业固有的环境问题往往会引发业绩下滑风险、坏账风险和环境诉讼风险，而债权人出于对这些潜在风险感知的回应，倾向于在信贷合同中加入更多限制性条款或提高债务成本。因此，环境信息披露能否帮助污染类企业甩掉"黑色企业"标签，并降低债权人的风险感知来缓解融资约束，无疑是影响企业创新成败的重中之重。

污染类企业的环境信息披露，不但传递企业环境管理的成效和不足等实际情况，也展示了企业敢于承担环境保护责任的态度和实力，更是体现了企业对利益相关者所拥有的环境知情权和参与权的充分尊重。污染类企业最大的风险无外乎环境风险，而通过环境信息披露，企业将节能减排、污染防治和环保投资等信息公之于众，可以大大缓解企业与信贷方的信息不对称问题（El Ghoul et al.，2011；黄蓉、何宇婷，2020），有助于有社会责任感的债权人对债务人的风险水平和偿债能力做出合理的判定，从而降低债权人对债务人的风险感知，以及企业的债务融资成本（Zhao et al.，2013；王建玲等，2016）。而且企业积极的"绿色善意"表现也有利于维护其声誉，改善投资者对企业的认知，从而降低企业的股权融资成本（Botosan，1997；沈洪涛等，2010；佟孟华等，2020），使得企业更易在资本市场进行融资（Clarkson et al.，2004；许罡，2020）。可见，污染类企业环境信息披露可以通过缓解融资约束来提升企业创新能力。换而言之，在环境信息披露影响污染类企业创新能力的过程中，至少部分地通过融资约束的路径而发挥作用，即融资约束是环境信息披露对污染类企业创新能力产生影响的部分中介变量。基于上述分析，笔者提出如下研究假设：

H3－7：企业可通过环境信息披露以缓解融资约束进而促进创新，即融资约束在环境信息披露对污染类企业创新能力的影响中具有部分中介效应。

三、研究设计

（一）变量选取与模型设定

1. 变量选取

（1）企业创新能力（*INNO*）。为消除异方差情况及避免变量之间的剧烈波动，笔者参考黎文靖和郑曼妮（2016）的方法，选用企业当年的专利申请数量并予以对数化处理来衡量企业创新能力。这是因为企业当年的专利申请数量不易受其他因素干扰，可以较好地反映企业的创新产出能力。

（2）环境信息披露（*EID*）。笔者参考毕茜等（2012）的方法，根据环境资源部、上海证券交易所对企业环境信息披露的形式和内容要求，对企业环境信息披露载体等七个部分内容进行评分，从而构建企业环境信息披露指数来测度企业环境信息披露水平。

（3）融资约束（*FC*）。笔者借鉴卡普兰和金加勒斯（Kaplan and Zingales，1997）的研究来计算 KZ 指数，并以该指数衡量企业所面临的融资约束。KZ 指数构建步骤如下：第一，按经营活动产生的现金流与期初的总资产之比（$CF_{i,t}/A_{t-1}$）、现金股利与期初的总资产之比（$DIV_{i,t}/A_{t-1}$）、持有的现金及现金等价物与期初的总资产之比（$CASH_{i,t}/A_{t-1}$）、资产负债率（$DTA_{i,t}$）、托宾 Q 值（$TQ_{i,t}$）等五个指标对样本进行分类。如某一样本企业的经营活动产生的现金流与期初的总资产之比（$CF_{i,t}/A_{t-1}$）小于全样本的经营活动产生的现金流与期初的总资产之比（$CF_{i,t}/A_{t-1}$）中位数，则 *kz*1 取 1，否则为 0；同理，如某一样本企业的现金股利与期初的总资产之比（$DIV_{i,t}/A_{t-1}$）、持有的现金及现金等价物与期初的总资产之比（$CASH_{i,t}/A_{t-1}$）均小于全样本现金股利与期初的总资产之比（$DIV_{i,t}/A_{t-1}$）、持有的现金及现金等价物与期初的总资产之比（$CASH_{i,t}/A_{t-1}$）中位数，则 *kz*2、*kz*3 均为 1，否则取 0；如某一样本企业的资产负债率（$DTA_{i,t}$）大于全样本资产负债率（$DTA_{i,t}$）的中位数，则 *kz*4 取 1，否则取 0；如某一样本企业的托宾 Q 值（$TQ_{i,t}$）大于全样本托宾 Q 值（$TQ_{i,t}$）中位数，则 *kz*5 取 1，否则为 0。第二，令 $KZ = kz1 + kz2 +$

$kz3 + kz4 + kz5$ 来计算 KZ 指数。第三，将 KZ 指数作为被解释变量，经营活动产生的现金流与期初的总资产之比（$CF_{i,t}/A_{t-1}$）、现金股利与期初的总资产之比（$DIV_{i,t}/A_{t-1}$）、持有的现金及现金等价物与期初的总资产之比（$CASH_{i,t}/A_{t-1}$）、资产负债率（$DTA_{i,t}$）、托宾 Q 值（$TQ_{i,t}$）等为解释变量进行回归，从而得出各变量的回归系数，并将回归系数作为每个样本企业计算其某一年 KZ 指数的依据。

（4）控制变量。为了排除其他因素的干扰，笔者参考莱昂等（Leone et al.，2006）、高洪贵（2010）、王红建等（2017）的研究，控制了产权性质（*STATE*）、公司规模（*SIZE*）、股权集中度（*CON*）、高管薪酬（*BONUS*）、独立董事比例（*INR*）、年份（*YEAR*）及行业（*INDUSTRY*）等变量。

2. 模型设定

为检验企业环境信息披露（*EID*）对企业创新能力（*INNO*）的影响，以及融资约束（*FC*）在两者关系中所发挥的中介效应，笔者借鉴巴罗和肯尼（Baron & Kenny，1986）的研究分别构建模型如下：

$$INNO_{i,t} = \alpha_0 + \alpha_1 EID_{i,t} + \alpha_2 CONTROL_{i,t} + \varepsilon_{i,t} \qquad (3-5)$$

$$FC_{i,t} = \beta_0 + \beta_1 EID_{i,t} + \beta_2 CONTROL_{i,t} + \mu_{i,t} \qquad (3-6)$$

$$INNO_{i,t} = \kappa_0 + \kappa_1 EID_{i,t} + \kappa_2 FC_{i,t} + \kappa_3 CONTROL_{i,t} + \varphi_{i,t} \qquad (3-7)$$

在上述模型中，$EID_{i,t}$ 代表企业 i 在第 t 年的环境信息披露水平；$FC_{i,t}$ 代表企业 i 在第 t 年的融资约束；$INNO_{i,t}$ 代表企业 i 在第 t 年的创新能力；$CONTROL_{i,t}$ 代表控制变量，具体包括产权性质（*STATE*）、公司规模（*SIZE*）、股权集中度（*CON*）、高管薪酬（*BONUS*）、独立董事比例（*INR*）、净资产收益率（*ROE*）和年份（*YEAR*）、行业（*INDUSTRY*）等变量。模型（3-5）用以检验企业环境信息披露（*EID*）对企业创新能力（*INNO*）的影响，即检验假设 H3-6 是否成立；模型（3-6）用以检验企业环境信息披露（*EID*）对融资约束（*FC*）的影响；模型（3-7）用以检验企业环境信息披露（*EID*）、融资约束（*FC*）对企业创新能力（*INNO*）的影响，并根据模型（3-5）、模型（3-6）和模型（3-7）的回归结果来检验假设 H3-7 是否成立。上述模型中的变量定义如表3-10所示。

表 3 –10 变量及其定义

变量类型	变量名称	变量符号	变量定义
主要变量	企业创新能力	INNO	企业当年申请专利数加 1 取自然对数
	环境信息披露	EID	企业环境信息披露指数
	融资约束	FC	构建 KZ 指数
控制变量	产权性质	STATE	第一大股东为国有股 =1，否则 =0
	公司规模	SIZE	企业的期末总资产额的自然对数
	股权集中度	CON	企业第一大股东的持股比例
	高管薪酬	BONUS	企业高管人员薪酬数前三位薪酬总和的自然对数
	独立董事比例	INR	独立董事人数/董事会人数
	净资产收益率	ROE	净利润/净资产
	年份	YEAR	年度虚拟变量
	行业	INDUSTRY	行业虚拟变量

（二）样本与数据来源

因《中华人民共和国环境保护法》与《关于改革调整上市环保核查工作制度的通知》均在 2014 年制定，所以笔者选取 2014 ~ 2019 年沪深 A 股污染类企业作为研究样本来衡量企业的行为，这样做既与新时代的制度特点相契合，也可以避免外生的政策变量对被解释变量的冲击影响。笔者界定污染类企业的依据是证监会 2012 年修订的《上市公司行业分类指引》。主要变量中的企业创新能力（INNO）数据，主要来自上市公司年度报告里的财务报表附注中企业当年所申请的专利数量，即将企业当年专利申请数量作为企业当年的创新能力度量指标。主要变量中的环境信息披露（EID）数据，主要以披露载体、环境管理、环境成本、环境负债、环境投资、环境业绩与环境治理、政府监管与机构认证等有关内容为依据，通过手工统计而获得的企业环境信息披露指数。融资约束（FC）是通过经营活动产生的现金流与期初的总资产之比、现金股利与期初的总资产之比、持有的现金及现金等价物与期初的总资产之比、资产负债率、托宾 Q 值等来计算从而获得的 KZ 指数。为确保研究数据的有效性、研究结论的可靠性以及研究数据的可获得性，笔者对样本按下列原则进行筛选：第一，剔除上市时间短于样本期 6 年的公司；第二，剔除被特别处理的公司即 ST、*ST 公司；第三，剔除财务指标缺失的公司。最终得到符合筛选标准的 429 家上市公司样本，2574 个年度观测值。企业当年所申请的专利数量、产权性质（STATE）、公司期末总资产额（A_t）、股权集中度（CON）、高管薪酬数额、独立董事比例（INR）、净资产收益率（ROE）、经营活动产生的现金流（$CF_{i,t}$）、公司期初总资产额（A_{t-1}）、现金股利（$DIV_{i,t}$）、现金及现金等价物（$CASH_{i,t}$）、资产负债率（$DTA_{i,t}$）、托宾Q 值（$TQ_{i,t}$）等数据均从国泰安 CSMAR 数据库采集。披露载体等七个部分内容取自企业社会责任报告、环境报告和可持续发展报告。

四、实证分析

（一）描述性统计

变量的描述性统计如表 3–11 所示。

表 3–11 　　　　　　　　变量的描述性统计（$N = 2574$）

变量	最小值	最大值	均值	标准差
INNO	0	7.2528	2.5566	1.5818
EID	0	0.9231	0.4025	0.1905
FC	0.0001	5.0905	0.5038	0.5313
STATE	0	1	0.4500	0.4980
SIZE	18.8392	27.0987	22.6570	1.3461
CON	0.0339	0.8909	0.3569	0.1497
BONUS	8.0392	18.3004	14.2947	0.8410
INR	0.3333	0.6667	0.3724	0.0538
ROE	−0.8876	0.7511	0.0707	0.1589

从表 3–11 可以看出，企业创新能力（INNO）的最大值为 7.2528，最小值 0，均值为 2.5566，表明样本中各企业每年申请专利的数量差距较大，各企业创新能力参差不齐；环境信息披露（EID）的最大值为 0.9231，最小

值为 0，均值为 0.4025，标准差为 0.1905，表明大部分样本公司都能积极进行披露与本企业有关的环境信息；融资约束（*FC*）的最大值为 5.0905，最小值为 0，均值为 0.5038，表明各企业在融资方面受到约束的情况不尽相同，大部分企业面临的融资约束较弱。产权性质（*STATE*）的均值为 0.4500，标准差为 0.4980，表明样本中国有控股性质的公司略多；公司规模（*SIZE*）的均值为 22.6570，标准差为 1.3461，表明样本公司的总资产额相差较大；股权集中度（*CON*）均值为 0.3569，标准差为 0.1497，表明大多数样本公司的第一大股东持股比例普遍较高，拥有绝对的话语权；高管薪酬（*BONUS*）的均值为 14.2947，标准差为 0.8410，表明各企业高管人员薪酬有一定的差距；独立董事比例（*INR*）均值为 0.3724，最小值为 0.3333，最大值为 0.6667，表明样本公司均已达到相关法规的要求，即聘用的独立董事人数占到了董事会人数的 1/3 以上；净资产收益率（*ROE*）的均值为 0.0707，标准差为 0.1589，表明大多数样本公司盈利情况并不乐观。

（二）Pearson 相关性检验

Pearson 相关系数检验显示，前文所列示的各变量之间的相关系数小于 0.4，这表明笔者所设定模型的多重共线性问题较小。不仅如此，主要变量企业环境信息披露（*EID*）与企业创新能力（*INNO*）、企业环境信息披露（*EID*）与融资约束（*FC*）、融资约束（*FC*）与企业创新能力（*INNO*）存在相关性，需要进一步检验彼此之间的因果关系。

（三）主检验的回归分析

为验证前文所提出的假设 H3 - 6 和假设 H3 - 7，笔者分别通过模型（3 - 5）、模型（3 - 6）和模型（3 - 7）来检验环境信息披露（*EID*）与企业创新能力（*INNO*）、企业环境信息披露（*EID*）与融资约束（*FC*）、企业环境信息披露（*EID*）、融资约束（*FC*）与企业创新能力（*INNO*）的关系。模型（3 - 5）、模型（3 - 6）和模型（3 - 7）的主检验回归分析结果如表 3 - 12 所示。

表 3 - 12   主检验回归结果

解释变量	模型 （3 - 5）	模型 （3 - 6）	模型 （3 - 7）
	被解释变量 INNO	被解释变量 FC	被解释变量 INNO
常数项	- 13. 2400 *** （ - 18. 2370）	1. 8740 *** （6. 5630）	- 12. 9680 *** （ - 17. 7400）
EID	0. 3790 ** （2. 0940）	- 0. 1120 * （ - 1. 6540）	0. 3640 ** （2. 0130）
FC			- 0. 1450 *** （ - 2. 8820）
STATE	0. 0470 （0. 7530）	- 0. 0740 *** （ - 2. 9950）	0. 0360 （0. 5820）
SIZE	0. 6840 *** （23. 9050）	- 0. 0750 *** （ - 6. 6540）	0. 6730 *** （23. 3570）
CON	0. 6260 *** （3. 1080）	0. 0690 （0. 8690）	0. 6360 *** （3. 1600）
BONUS	0. 0230 （0. 6670）	0. 0010 （0. 0760）	0. 0240 （0. 6730）
INR	- 0. 1970 （ - 0. 4010）	0. 7750 *** （4. 0150）	- 0. 0840 （ - 0. 1710）
ROE	- 0. 1690 （ - 1. 0020）	0. 5610 *** （8. 4440）	- 0. 0880 （ - 0. 5160）
YEAR	控制	控制	控制
INDUSTRY	控制	控制	控制
观测值	2574	2574	2574
F 值	49. 6000	10. 7620	48. 2630
调整 R^2	0. 3380	0. 0870	0. 3400

注： ***、**和*分别表示在 1%、5%和 10%的水平上显著（双尾检验）；括号内的数值表示 T 值。

表 3 - 12 的回归结果中，模型（3 - 5）是以企业创新能力（INNO）作为被解释变量，企业环境信息披露（EID）作为解释变量，并控制了产权性质（STATE）、公司规模（SIZE）、股权集中度（CON）、高管薪酬（BO-

NUS)、独立董事比例（INR）、净资产收益率（ROE）、年份（YEAR）和行业（INDUSTRY）等变量；模型（3-6）是以融资约束（FC）作为被解释变量，企业环境信息披露（EID）作为解释变量，并控制了产权性质（STATE）、公司规模（SIZE）、股权集中度（CON）、高管薪酬（BONUS）、独立董事比例（INR）、净资产收益率（ROE）、年份（YEAR）和行业（IN-DUSTRY）等变量；模型（3-7）是以企业创新能力（INNO）作为被解释变量，企业环境信息披露（EID）、融资约束（FC）作为解释变量，并控制了产权性质（STATE）、公司规模（SIZE）、股权集中度（CON）、高管薪酬（BONUS）、独立董事比例（INR）、净资产收益率（ROE）、年份（YEAR）和行业（INDUSTRY）等变量。各模型均选取 2014～2019 年的 429 家上市公司数据作为样本而进行回归分析。模型（3-5）的回归结果显示，企业环境信息披露（EID）与企业创新能力（INNO）在 5% 的水平上显著正相关，相关系数为 0.3790，即污染类企业的环境信息披露水平（EID）越高，企业创新能力（INNO）会越强。这表明，污染类企业环境信息披露对企业创新能力有着正向的推动作用。假设 H3-6 得到验证。模型（3-6）的回归结果显示，企业环境信息披露（EID）与融资约束（FC）在 10% 的水平上显著负相关，相关系数为 -0.1120，这表明污染类企业环境信息披露水平（EID）越高，企业面临的融资约束（FC）越弱，即企业的环境信息披露情况越好，越可以降低企业的融资约束，企业较易获得融资支持。模型（3-7）的回归结果显示，企业环境信息披露（EID）与企业创新能力（INNO）在 5% 的水平上显著正相关，相关系数为 0.3640；融资约束（FC）与企业创新能力（IN-NO）在 1% 的水平上显著负相关，相关系数为 -0.1450，这表明融资约束（FC）越弱，越有利于提升污染类企业创新能力（INNO）。通过模型（3-5）至模型（3-7）的回归结果可知，在模型（3-7）中企业环境信息披露（EID）的系数 0.3640 小于在模型（3-5）中企业环境信息披露（EID）的系数 0.3790，且企业环境信息披露（EID）在模型（3-5）、模型（3-6）和模型（3-7）中均显著，显然，融资约束（FC）在污染类企业环境信息披露（EID）与企业创新能力（INNO）之间的关系中发挥部分中介效应，即假设 H3-7 得到验证。这说明，企业可以通过提高环境信息披露水平来缓解融资约束，进而有更多的资金用于提升自身的创新能力。

（四）稳健性检验

为验证前文所提出的研究假设以及克服模型内生性问题，笔者分别使用工具变量法和替换被解释变量对经过验证的 H3 - 6 和 H3 - 7 来进行稳健性检验。

1. 工具变量法

在模型（3 - 5）至模型（3 - 7）中均加入样本公司的社会责任指数（CSR）这一工具变量，并进行两阶段最小二乘法（2SLS）回归。这样做的理由是，当企业履行社会责任情况较好时，会倾向于多披露诸如环境信息等内容，但不会轻易改变其创新能力，即企业的社会责任指数（CSR）会影响企业的环境信息披露（EID），但不会影响企业的创新（INNO），因此，样本公司的社会责任指数（CSR）可以作为模型（3 - 5）至模型（3 - 7）的工具变量。企业的社会责任指数（CSR）取自润灵环球社会责任报告。加入工具变量的回归分析结果如表 3 - 13 所示。

表 3 - 13　　　　加入工具变量的回归分析结果

解释变量	模型（3 - 5）	模型（3 - 6）	模型（3 - 7）
	被解释变量 INNO	被解释变量 FC	被解释变量 INNO
常数项	- 10. 7310 *** (- 12. 5550)	1. 7760 *** (5. 4080)	- 10. 4870 *** (- 12. 2500)
EID	2. 4600 *** (5. 8750)	- 0. 1400 * (- 0. 8710)	2. 1440 *** (5. 8330)
FC			- 0. 1400 *** (- 2. 7280)
CONTROL	控制	控制	控制
YEAR	控制	控制	控制
INDUSTRY	控制	控制	控制
观测值	2574	2574	2574
F 值	49. 5300	9. 9810	48. 5670
调整 R^2	0. 3290	0. 0830	0. 3330

注：***、** 和 * 分别表示在1%、5%和10%的水平上显著（双尾检验）；括号内的数值表示 T 值。

由表 3 - 13 可知，企业环境信息披露（*EID*）在模型（3 - 5）和模型（3 - 7）中均显著为正，在模型（3 - 6）中显著为负，企业融资约束（*FC*）在模型（3 - 7）中显著为负，且模型（3 - 7）中企业环境信息披露（*EID*）的系数 2.1440 小于模型（3 - 5）中企业环境信息披露（*EID*）的系数 2.4600。显然，假设 H3 - 6 和假设 H3 - 7 得到进一步的验证。

2. 替换被解释变量

为验证实证结果的可靠性，笔者借鉴齐绍洲等（2018）、张文菲和金祥义（2018）的做法，采用企业被授权专利数作为企业创新的替代变量。并将模型（3 - 5）至模型（3 - 7）重新进行回归。替换被解释变量的回归分析结果如表 3 - 14 所示。

表 3 - 14　　　　　　　　　　　替代被解释变量的回归分析结果

解释变量	模型（3 - 5）	模型（3 - 6）	模型（3 - 7）
	被解释变量 *INNO*	被解释变量 *FC*	被解释变量 *INNO*
常数项	- 12.0190 *** （- 17.4070）	1.8220 *** （6.3950）	- 11.8420 *** （- 17.0250）
EID	0.3340 * （1.9350）	- 0.1170 * （- 1.7740）	0.3240 * （1.8810）
FC			- 0.0970 ** （- 2.0310）
CONTROL	控制	控制	控制
YEAR	控制	控制	控制
INDUSTRY	控制	控制	控制
观测值	2574	2574	2574
F 值	49.8680	12.2730	48.2330
调整 R^2	0.3310	0.0840	0.3320

注：*** 、** 和 * 分别表示在 1%、5% 和 10% 的水平上显著（双尾检验）；括号内的数值表示 T 值。

由表 3 - 14 可知，企业环境信息披露（*EID*）在模型（3 - 5）至模型（3 - 7）中均显著，且模型（3 - 7）中企业环境信息披露（*EID*）的系数

0.3240 小于在模型（3-5）中企业环境信息披露（EID）的系数0.3340。前文的假设再次得到印证。

（五）进一步检验

1. 媒体关注、环境信息披露与企业创新能力

为验证媒体关注（MEDIA）在企业环境信息披露水平（EID）与企业创新能力（INNO）两者关系中的调节作用，在模型（3-5）的基础上加入媒体关注（MEDIA）、媒体关注（MEDIA）与企业环境信息披露水平（EID）的交乘项（MEDIA × EID），通过考察在回归结果中交乘项系数的显著性及符号来判断媒体关注（MEDIA）是否起到调节作用，以及起到的是正向调节作用还是负向调节作用。参考唐和唐（Tang and Tang，2016）、孔东民等（2013）、曾辉祥等（2018）的做法，笔者以企业当年的报纸报道次数来衡量媒体关注（MEDIA）。具体来说，就是通过在中国知网"中国重要报纸全文数据库"中输入样本公司名称，进而获得关于该公司的媒体报道数量。需要说明的是，笔者将媒体关注数量进行了对数化处理，即以企业当年的新闻报道次数加1取自然对数来度量。笔者构建模型（3-8）及进一步检验的回归结果表3-15如下：

$$
\begin{aligned}
INNO_{i,t} = {} & \omega_0 + \omega_1 MEDIA_{i,t} + \omega_2 EID_{i,t} + \omega_3 MEDIA_{i,t} \\
& \times EID_{i,t} + \omega_4 CONTROL_{i,t} + \theta_{i,t}
\end{aligned}
\tag{3-8}
$$

表3-15 进一步检验

解释变量	被解释变量 INNO				
	模型（3-8）	国有企业	非国有企业	重污染企业	非重污染企业
常数项	-12.9930 *** (-17.1860)	-14.1490 *** (-13.1610)	-11.4300 *** (-11.3740)	-12.9040 *** (-10.8540)	-11.6530 *** (-13.5990)
EID	0.1090 (0.5680)	0.5270 * (1.8170)	-0.1230 (-0.5250)	0.0860 (0.2730)	0.4450 ** (2.0040)
MEDIA	-0.3730 *** (-3.9970)				
MEDIA × EID	0.7560 *** (3.9610)				

续表

解释变量	被解释变量 INNO				
	模型（3－8）	国有企业	非国有企业	重污染企业	非重污染企业
CONTROL	控制	控制	控制	控制	控制
YEAR	控制	控制	控制	控制	控制
INDUSTRY	控制	控制	控制	控制	控制
观测值	2574	1156	1418	1074	1500
F 值	48.1300	35.9090	25.1530	34.2510	36.4180
调整 R^2	0.3390	0.4210	0.2910	0.2710	0.2220

注：***、** 和 * 分别表示在1%、5%和10%的水平上显著（双尾检验）；括号内的数值表示 T 值。

通过表 3－15 中模型（3－8）的回归结果可知，媒体关注（MEDIA）与企业环境信息披露水平（EID）的交乘项（MEDIA × EID）和企业创新能力（INNO）在1%的水平上显著正相关，且相关系数为 0.7560，这表明媒体关注（MEDIA）在企业环境信息披露水平（EID）与企业创新能力（INNO）关系中起到了正向的调节作用，即随着对企业的媒体关注度的不断提升，企业更乐于进行创新。

2. 产权性质、企业环境信息披露水平与企业创新能力

企业环境信息披露水平（EID）对企业创新能力（INNO）的影响可能会受到企业产权性质的影响。为检验国有企业与非国有企业是否会产生不同的结果，笔者分别按国有企业与非国有企业进一步来验证不同产权性质下，企业环境信息披露水平（EID）对企业创新能力（INNO）的影响是否存在差异。分组回归结果如表 3－15 所示。由表 3－15 可知，在国有企业中，企业环境信息披露水平（EID）的回归系数为 0.527 且显著；在非国有企业中，企业环境信息披露水平（EID）的回归系数为 －0.123 但并不显著；这说明企业环境信息披露水平（EID）对企业创新能力（INNO）的推动作用仅表现在国有企业中。这表明，国有企业的环境信息披露情况较好时通常较易获得融资，并将资金用于创新及研发领域，而非国有企业受制于融资约束程度较高，即使环境信息披露情况较好时也不易获得资金支持，导致没有多余的资金用于新产品及新技术的研发。

3. 行业特质、企业环境信息披露水平与企业创新能力

企业环境信息披露水平（*EID*）对企业创新能力（*INNO*）的影响亦会受到企业所属的行业特质的影响。为验证不同行业特质情况下，企业环境信息披露水平（*EID*）对企业创新能力（*INNO*）的影响是否存在差异，笔者将样本分为重污染企业与非重污染企业进行分组回归。重污染行业是根据生态环境部于 2008 年所发布的《上市公司环保核查行业分类管理目录》来划分的。分组回归结果如表 3-15 所示。由表 3-15 可知，在重污染企业中，企业环境信息披露水平（*EID*）的回归系数为 0.086 但并不显著；在非重污染企业中，企业环境信息披露水平（*EID*）的回归系数为 0.445 且显著，这说明企业环境信息披露水平（*EID*）对企业创新能力（*INNO*）的推动作用仅表现在非重污染企业中。这表明，受制于绿色信贷政策，重污染企业受到的融资约束较多，即使环境信息披露情况较好时也不易获得资金支持，导致没有多余的资金用于新产品及新技术的研发；而非重污染企业在环境信息披露情况较好时，受到的融资约束较少，有较为充足的资金用于新产品及新技术的研发及创新。

五、研究结论与建议

笔者以 2014~2019 年沪深 A 股 429 家污染类上市公司数据为样本，采用最小二乘法回归，实证检验企业环境信息披露水平与企业创新能力之间的关系。实证结果表明：第一，企业环境信息披露水平与污染类企业创新能力呈显著正相关关系；第二，企业融资约束在企业环境信息披露水平与企业创新能力之间发挥部分中介效应；第三，媒体关注在企业环境信息披露水平与企业创新能力关系中起到正向的调节作用；第四，环境信息披露水平对污染类企业创新能力的促进作用具有异质性，即环境信息披露水平对污染类企业创新能力的促进作用主要体现在国有企业和非重污染企业中。

根据上述研究结论，笔者提出如下建议：第一，鉴于环境信息披露对提升污染类企业创新能力具有积极影响，所以进一步完善环境信息披露制度不仅是督促污染类企业履行环境责任、提高环境信息披露质量的需要，也是推动企业实施创新驱动发展战略的重要举措。第二，由于环境信息披露对污染类企业创新能力的提升效应具有较明显的异质性特征，故应摒弃现行的企业

环境信息披露"一刀切"做法,对于重污染尤其是民营重污染企业,应要求其承担强制性披露环境信息的义务。第三,银行等金融机构应将污染类企业的研发项目纳入绿色信贷支持范围,以助力污染类企业破解"钱荒"困局,进而夯实企业创新的物质基础。第四,污染类企业极易成为舆论焦点,企业应密切关注舆论动态,重视公众环保诉求,并通过官方指定媒体积极回应利益相关者关切的环境问题,规避因环境表现的负面舆论而引发的企业声誉危机。

第四节　企业环境治理与财务绩效

一、问题的提出

中国自改革开放以来,伴随着经济的高速增长,人与自然的可持续协调发展面临着巨大挑战,这其中环境问题显得尤为突出。因此,如何处理好经济发展与环境保护的关系?如何实现经济增长的速度与质量并重?已成为新时代中国发展必须直面的核心问题。党中央、国务院高度重视经济增长和环境污染治理问题,中共十八大明确提出绿色发展理念,中共十九大更是直接指出:必须像对待生命一样对待生态环境,要不断推进生态文明建设,贯彻绿色发展理念,注重经济增长的质量(孙久文等,2017)。企业是环境资源的主要使用者,也是环境污染的主要源头,理应在追求经济效益的同时承担必要的环境保护责任,增加环保方面的投入,发挥环境治理主力军作用。随着人们对环境质量以及企业履行环境保护责任的日益关注,企业环保投资对企业绩效的影响也成为学术界经久不衰的热点议题。

然而,已有关于企业环保投资对企业绩效影响的研究,往往仅将其作为外生变量,采用单方程予以检验。这种单向的关系研究,忽略两者互为因果的可能,其实证结果或许存在偏误。资本性环保支出是企业环保投资的重要组成部分,也是企业自愿履行环境保护责任而发生的环保资产投资行为。那么,企业增加资本性环保支出对提升财务绩效究竟是有利还是不利呢?企业财务绩效对资本性环保支出的影响又是怎样的呢?笔者拟以沪深 A 股重污染行业上市公司经验数据为样本，基于企业资本性环保支出与企业财务绩效之间可能存在的内生性，使用联立方程对上述问题进行实证检验和解释，并根据研究结论提出相关建议，以期对企业环保投资的实践有所裨益。

笔者的可能贡献在于，丰富了企业环保投资与企业绩效关系的研究文献，基于内生性视角，揭示了企业资本性环保支出与企业财务绩效交互影响机理，为进一步完善政府环境政策进而引导企业加大资本性环保支出力度提供理论指导和决策参考。

二、理论分析与研究假设

（一）资本性环保支出对企业财务绩效的影响

利益相关者理论认为，企业是由内部利益相关者和外部利益相关者的利益所组成的组织，企业利益相关者不仅包括股东、债权人、员工、政府、社会公众等利益相关者（Freeman，1984），而且还包括自然环境、其他种群、人类后代等受企业经营活动直接或间接影响的外部客体（Wheeler and Sillanpaa，1998）。企业作为各利益相关者的受托管理者，在充分利用劳动力、资金、信息、物质资源等社会资源进行经营活动时，应尽可能地实现相关者利益最大化，既要追求经济效益，同时也要兼顾到不能侵害自然环境、生态环境等外部客体的利益。诸多学者认为，企业承担环境保护责任，增加环保方面的投资既可以树立企业良好形象（郑杲娉、徐永新，2011；Sueyoshi and Wang，2014），降低企业融资成本（Brammer and Millington，2005；El Ghoul et al.，2011），又能促进企业长期财务绩效的提升（万寿义、刘正阳，2013；李百兴等，2018），进而有助于提高经济增长质量（刘锡良和文书洋，2019）。中村（Nakamura，2011）以 3237 家日本公司为样本研究预防性环保投资对公司业绩的影响，结果表明，短期内环保投资不会显著影响公司绩效，但从长期来看环保投资能够显著提升公司绩效。李等（Lee et al.，2015）通过调查日本制造业 2003～2010 年的企业碳排放量数据和环保投资研发数据，发现投资于环保研发阶段的金额越大，越可以减少碳排放量、防治污染，并能提高企业的财务绩效。

　　然而，有的学者却认为，企业履行社会责任，增加在环保方面的支出会增加自身的经营成本，进而影响自身稀缺资源的配置，并极易增加管理层的可支配资源，加剧委托 - 代理问题，从而成为管理层自利的工具（Mackey et al.，2007），并降低企业的财务绩效（吉利、苏朦，2016）。斯派瑟（Spicer，1978）通过对美国造纸行业的研究发现，如果企业环保支出过多，会导致股票价格下跌，公司市场价值下降。马丁和摩西（Martin and Moser，2016）发现当管理者频繁地披露其较低环保投资数额时，投资者对该投资的增加会做出更为积极的反应。当环保投资金额非常大时，投资者却会认为这种大额投资对公司绩效增长是不利的。佩科维奇等（Pekovic et al.，2018）以超过 6000 家法国公司为样本，应用固定效应模型发现环保投资与经济绩效呈倒 U 型关系，也就是说，环保投资存在一个较低的最优水平。当环保投资超过最优水平之后，企业再增加环保投资会对经济效益增长造成不利的影响。

　　上述可见，关于资本性环保支出是否有助于提高企业绩效问题，现有的研究结论并不一致。基于此，笔者提出如下竞争性研究假设：

　　H3 - 8a：重污染企业资本性环保支出水平越高，越有助于提高企业财务绩效。

　　H3 - 8b：重污染企业资本性环保支出水平越高，越无助于提高企业财务绩效。

（二）企业财务绩效对资本性环保支出的影响

　　已有关于企业绩效对企业环保投资影响的研究成果为数不多，且结论亦莫衷一是。有学者认为绩优企业更容易获取外部融资，并具有更多可支配资金，对自身未来获取到预期收益的能力也更为乐观（Montabon et al.，2007；Murovec et al.，2012），因而其环保投入相对较多。但希金斯等（Hitchens et al.，2003）基于欧洲中小企业样本的研究却否定了企业绩效与环保投入的正相关关系，并得出了企业绩效与环保投入不具有显著相关性的研究结论。由此可见，企业绩效对企业环保投资究竟是怎样的影响，是当前企业环保投资理论研究中亟待回答的问题。

　　不可否认，绩优企业具有"财大气粗"的资金优势，其投资业务也往往表现出"大手笔"的特点，但这并不意味着绩效好的企业，进行资本性环保支出的意愿就强。这是因为，一方面，绩优企业的生产经营活动给环境造成的损害相对较小，其制度性环境成本即环境税费、环保罚款等负担较轻，即使在国家环境监管趋严的背景下，也不会给其带来生产设备和技术全面更新的压力。另一方面，在经理人绩效考评制度侧重于财务业绩的当下，面对环保投入不但短期内难以产生直接的经济效益（Orsato，2006），而且还会因环保设施和技术的购入与研发拖累企业利润的增长，进而增加企业经营风险（Arouri et al.，2012），为了巩固已确定的薪资水平和市场声誉，大多绩优企业经理人对资本性环保支出可能会倾向于风险规避的行为方式（崔睿、李廷勇，2011；宋铁波等，2017）。

对于绩差企业尤其是与环境监管敏感性较强的绩差企业而言，随着国家环境监管力度的加大，企业原有生产设备或技术所产生的污染物排放量已超过标准，企业则会陷入因增加的环境税费或罚款所导致的经营困境，甚至被政府环保部门强令停产或关闭。此时，增加资本性环保支出以更换原有生产设备或技术，既是企业获得合法性认同的必由之路，也是企业走出经营困境的"背水一战"。基于此，笔者提出如下研究假设：

H3-9：重污染企业财务绩效越差，进行资本性环保支出的意愿越强。

三、研究设计

（一）样本数据来源与变量设计

1. 样本数据来源

笔者根据研究需要，选取2010~2018年沪深A股中重污染行业上市公司作为研究对象。重污染行业的界定依据是原环保部在2008年所发布的《上市公司环保核查行业分类管理目录》。笔者对样本进行如下的筛选：第一，剔除金融类样本公司；第二，剔除上市时间过短的样本公司；第三，剔除被特殊处理的，如ST和*ST公司。最终经过筛选得到377家样本公司，3393个观测值。为了消除极端值的影响，笔者对资本性环保支出变量（ENC）在1%与99%分位数上进行了缩尾处理（Winsorize）。企业资本性环保支出（ENC）数据主要取自上市公司年度财务报告中的"在建工程"项目。具体来说，是通过阅读财务报表及其附注，对"在建工程"中与环保相关的包括污水处理、脱硫除尘、废气处理，以及回收与循环利用等项目进行手工整理，从而得到企业当年的资本性环保支出数据。控股股东类型、总资产额、资产负债率、股权集中度、高管人员薪酬总数、独立董事人数等数据均取自国泰安 CSMAR 数据库。在本部分还包括年份与行业虚拟变量。实证部分采用 EX-CEL 2010 和 STATA 13 软件进行数据处理。

2. 变量设计

（1）资本性环保支出。考虑到企业发生的资本性环保支出的绝大部分是通过"在建工程"账户予以核算，同时摒弃绝对数指标可比性相对较差的缺陷，笔者参考中村（Nakamura，2011）的方法，以企业当年新增环保工程额与企业当年新增在建工程总额之比来度量企业资本性环保支出水平。

（2）企业绩效。考虑到现阶段企业绩效考核仍以财务指标为主，而总资产收益率（ROA）和净资产收益率（ROE）均为衡量企业绩效最为常用的财务指标，故文中在实证分析中以总资产收益率（ROA）来度量企业绩效，同时以净资产收益率（ROE）予以稳健性检验。

（3）控制变量。为了排除其他因素的干扰，笔者参考布兰科等（Blanco et al.，2009）、唐国平等（2013）、徐光伟等（2019）的做法，选取控股股东类型（STATE）、公司规模（SIZE）、资产负债率（DAR）、股权集中度（CON）、高管薪酬（BONUS）、独立董事比例（INR）以及年份（YEAR）、行业（INDUSTRY）虚拟变量作为控制变量。

上述变量及其定义如表 3 - 16 所示。

表 3 - 16　　　　　　　　　　变量及其定义

变量类型	变量名称	变量符号	变量定义
主要变量	企业绩效	ROA	（净利润/总资产）×100%
	资本性环保支出	ENC	企业环保工程/在建工程
控制变量	控股股东类型	STATE	第一大股东为国有股 =1，否则 =0
	公司规模	SIZE	总资产额的自然对数
	资产负债率	DAR	总负债/总资产
	股权集中度	CON	第一大股东持股比例

变量类型	变量名称	变量符号	变量定义
控制变量	高管薪酬	*BONUS*	薪酬数最高的前三位高管人员薪酬总数的自然对数
	独立董事比例	*INR*	独立董事人数占董事会人数之比
	年份	*YEAR*	年度虚拟变量
	行业	*INDUSTRY*	行业虚拟变量

（二）模型构建

为验证企业资本性环保支出与企业绩效之间的相互影响，笔者构建联立方程模型如下：

$$ROA = \alpha_0 + \alpha_1 ENC + \alpha_2 \sum CONTROL + \varepsilon \qquad (3-9)$$

$$ENC = \beta_0 + \beta_1 ROA + \beta_2 \sum CONTROL + \mu \qquad (3-10)$$

在模型中，总资产收益率（*ROA*）代表企业绩效；*ENC* 代表企业资本性环保支出；*CONTROL* 代表控制变量，具体包括控股股东类型（*STATE*）、公司规模（*SIZE*）、资产负债率（*DAR*）、股权集中度（*CON*）、高管薪酬（*BONUS*）、独立董事比例（*INR*）和年份（*YEAR*）、行业（*INDUSTRY*）等变量。α_0、β_0 均为模型（3-9）和模型（3-10）的常数项，α_1、α_2、β_1、β_2 分别为模型（3-9）和模型（3-10）中变量的系数，ε、μ 分别为模型（3-9）和模型（3-10）中的随机误差项。

四、实证结果分析

（一）描述性统计

从表 3-17 可以看出，总资产收益率（*ROA*）的最大值为 0.4770，最小值为 -0.7616，均值为 0.3984，表明样本公司中大多数企业是盈利的；资本性环保支出变量（*ENC*）的最大值为 0.9900，最小值为 0.0100，均值为 0.0141，标准差为 0.0210，表明各企业资本性环保支出水平差别较大，且大多数样本公司的资本性环保支出水平较低；控股股东类型（*STATE*）的均值为 0.5400，标准差为 0.4990，也就是说，样本中国有控股性质的公司略多；公司规模（*SIZE*）的均值为 22.4538，标准差为 12.1306，说明样本公司的总资产额相差较大；资产负债率（*DAR*）均值为 0.4601，标准差为 0.2204，这表明大多数样本公司举债程度较为合理，长期偿债能力较强。股权集中度（*CON*）均值为 0.3784，标准差为 0.1507，这说明大多数样本公司的第一大股东持股比例普遍较高，拥有绝对的话语权。高管薪酬（*BONUS*）的均值为 14.1624，标准差为 0.7506，这表明各企业高管人员的薪酬差距不大。独立董事比例（*INR*）均值为 0.3670，最小值为 0.3333，最大值为 0.6667，这表明样本公司均已达到相关法规的要求，即聘用的独立董事人数占到了董事会人数的 1/3 以上。

表 3-17　　　　　　　变量的描述性统计（*N* = 3393）

变量	最小值	最大值	均值	标准差
ROA	-0.7616	0.4770	0.3984	0.0690
ENC	0.0100	0.9900	0.0141	0.0021
STATE	0	1	0.5400	0.4990
SIZE	18.2906	26.5818	22.4538	12.1306
DAR	0.0075	0.9957	0.4601	0.2204
CON	0.3596	0.8384	0.3784	0.1507
BONUS	11.5345	18.0490	14.1624	0.7506
INR	0.3333	0.6667	0.3670	0.0591

（二）Pearson 相关性检验

笔者所做的 Pearson 相关系数检验表明，由于各变量的相关系数都是小于 0.4 的，所以笔者之前所设定的模型（3-9）和模型（3-10）不存在多重共线性问题，据此进行回归分析所得到的结论是可以信赖的。

（三）Hausman 检验

在对以上模型（3-9）和模型（3-10）进行实证检验前，需要对资本性环保支出与企业绩效之间可能存在的内生性问题进行检验。参照 Hausman 内生性的检验方法,首先建立模型(3-11),并以普通最小二乘法(OLS)进行回归,取得回归后的残差,命名为 RES;然后建立模型(3-12),并以普通最小二乘法(OLS)进行回归,通过残差(RES)系数的显著性来判断资本性环保支出与企业绩效是否存在内生性。进行 Hausman 检验所构建的模型如下:

$$ENC = \theta_0 + \theta_1 STATE + \theta_2 SIZE + \theta_3 DAR + \theta_4 CON + \theta_5 BONUS$$
$$+ \theta_6 INR + \theta_7 YEAR + \theta_8 INDUSTRY + \kappa \quad (3-11)$$
$$ROA = \nu_0 + \nu_1 ENC + \nu_2 STATE + \nu_3 SIZE + \nu_4 DAR + \nu_5 CON + \nu_6 BONUS$$
$$+ \nu_7 INR + \nu_8 YEAR + \nu_9 INDUSTRY + \nu_{10} RES + \delta \quad (3-12)$$

资本性环保支出与企业绩效的内生性检验如表3-18所示。

表3-18　　　　　　　资本性环保支出与企业绩效的内生性检验

变量	模型(3-12)检验系数	变量	模型(3-12)检验系数
常量	-0.2540 *** (-9.039)	BONUS	0.0100 *** (5.7620)
ENC	-0.2020 *** (-1.8510)	INR	0.0240 (1.2390)
STATE	-0.0120 *** (-5.1330)	RES	-0.0030 *** (-2.7260)
SIZE	0.0090 *** (6.5450)	YEAR	控制
DAR	-0.0490 *** (-12.8570)	INDUSTRY	控制
CON	0.0130 (1.6320)	观测值	3393

注:*** 、** 和*分别表示在1%、5%和10%的水平上显著(双尾检验);括号内的数值表示T值。

从表3-18中可知,模型(3-12)中残差(RES)与总资产收益率(ROA)在1%水平上显著负相关,表明资本性环保支出与企业绩效存在内生性的关系,如果运用普通最小二乘法(OLS)进行回归,其结果可能会产生偏误。为解决回归结果的偏误问题，得到有效的实证结果，笔者建立联立方程模型，采用两阶段最小二乘法（2SLS）进行回归。

（四）模型回归结果分析

为验证前文所提出的研究假设，并比较考虑内生性问题前后对回归结果产生的影响，笔者分别对模型（3－9）和模型（3－10）进行普通最小二乘法（OLS）和两阶段最小二乘法（2SLS）回归。其中，在两阶段最小二乘法（2SLS）回归中分别加入资本性环保支出滞后一期变量（ENC_{t-1}）与总资产收益率滞后一期变量（ROA_{t-1}）两个工具变量。资本性环保支出与企业绩效的回归结果如表3－19所示。

表3－19 资本性环保支出与企业绩效的回归结果

变量	OLS		2SLS	
	ROA	*ENC*	*ROA*	*ENC*
常数项	− 0.2370 *** （− 8.2280）	1.6920 *** （12.3790）	− 0.2110 *** （− 6.7290）	1.6450 *** （11.5190）
ROA		− 0.2260 *** （− 2.7260）		− 0.4130 *** （− 2.2790）
ENC	− 0.0100 *** （− 2.7260）		− 0.0240 *** （− 3.0460）	
STATE	− 0.0120 *** （− 5.1750）	− 0.0130 （− 1.1300）	− 0.0130 *** （− 5.2220）	− 0.0150 （− 1.3090）
SIZE	0.0080 *** （6.0540）	− 0.0550 *** （− 8.5780）	0.0070 *** （5.1930）	− 0.0530 *** （− 8.1280）
DAR	− 0.0850 *** （− 12.9270）	− 0.0700 ** （− 2.1630）	− 0.0860 *** （− 12.9880）	− 0.0860 ** （− 2.4430）
CON	0.0140 * （1.6880）	0.0500 （1.2640）	0.0140 * （1.7650）	0.0520 （1.3250）
BONUS	0.0100 *** （5.6510）	− 0.0160 ** （− 1.9840）	0.0090 *** （5.4640）	− 0.0150 * （− 1.7280）

续表

变量	OLS		2SLS	
	ROA	*ENC*	*ROA*	*ENC*
INR	0.0230 (1.2320)	−0.0090 (−0.0970)	0.0230 (1.2180)	−0.0040 (−0.0480)
YEAR	控制	控制	控制	控制
INDUSTRY	控制	控制	控制	控制
F 值	23.1310	10.6780	23.0840	10.5850
调整后 R^2	0.1590	0.0760	0.1590	0.0760

注: ***、** 和 * 分别表示在 1%、5% 和 10% 的水平上显著（双尾检验）；括号内的数值表示 T 值。

由表 3 - 19 中两阶段最小二乘法（2SLS）的回归结果可知：

（1）当以总资产收益率（*ROA*）作为被解释变量，以资本性环保支出（*ENC*）作为解释变量时，资本性环保支出（*ENC*）与总资产收益率（*ROA*）在 1% 水平上显著负相关，相关系数为 −0.0240，这表明，资本性环保支出水平越高的重污染企业，其财务绩效往往越差，即假设 H3 - 8b 得到验证，假设 H3 - 8a 不成立。当以资本性环保支出（*ENC*）作为被解释变量，以总资产收益率（*ROA*）作为解释变量时，总资产收益率（*ROA*）与资本性环保支出（*ENC*）在 1% 水平上显著负相关，相关系数为 −0.4130，这表明，重污染企业财务绩效越差，其增加资本性环保支出的意愿越强，即假设 H3 - 9 得到验证。

（2）在控制变量方面，当以总资产收益率（*ROA*）作为被解释变量，以资本性环保支出（*ENC*）作为解释变量时，控股股东类型（*STATE*）、资产负债率（*DAR*）与总资产收益率（*ROA*）显著负相关，资产规模（*SIZE*）、股权集中度（*CON*）、高管薪酬（*BONUS*）与总资产收益率（*ROA*）显著正相关，而独立董事比例（*INR*）则与总资产收益率（*ROA*）无显著关系；当以资本性环保支出（*ENC*）作为被解释变量，以总资产收益率（*ROA*）作为解释变量时，资产规模（*SIZE*）、资产负债率（*DAR*）、高管薪酬（*BONUS*）与资本性环保支出（*ENC*）均呈显著负相关关系，而控股股东类型（*STATE*）、股权集中度（*CON*）、独立董事比例（*INR*）则与资本性环保支出（*ENC*）无显著关系。

（3）虽然普通最小二乘法（OLS）回归结果中，资本性环保支出与企业绩效均通过了1%的显著性水平检验，相关系数分别为 - 0.0100、- 0.2260，但从回归系数的绝对值来看，两阶段最小二乘法（2SLS）回归结果的系数绝对值要大于普通最小二乘法（OLS）的回归结果系数。这表明，在考虑内生性问题后，所揭示的重污染企业资本性环保支出对企业绩效的影响力要远大于考虑内生性之前的研判结果。

（五）稳健性检验

为验证以上模型回归结果的稳健性，笔者使用净资产收益率（ROE）作为企业绩效的衡量指标。表3 - 20是以净资产收益率（ROE）作为因变量时，资本性环保支出与企业绩效的内生性检验。表3 - 21是以净资产收益率（ROE）作为企业绩效度量指标时，使用普通最小二乘法（OLS）和两阶段最小二乘法（2SLS）的回归结果。

表3 - 20　　　　　　资本性环保支出与企业绩效的内生性检验

变量	模型（3 - 12）检验系数	变量	模型（3 - 12）检验系数
常量项	- 0.5650 *** (- 10.4690)	BONUS	0.0230 *** (6.9990)
ENC	- 0.3690 *** (- 7.8570)	INR	0.0500 (1.3620)
STATE	- 0.0140 *** (- 2.9620)	RES	- 0.0050 *** (- 2.3260)
SIZE	0.0160 *** (6.5110)	YEAR	控制
DAR	- 0.1200 *** (- 9.4980)	INDUSTRY	控制
CON	0.0150 (0.9680)	观测值	3393

注：*** 、** 和 * 分别表示在1%、5%和10%的水平上显著（双尾检验）；括号内的数值表示 T 值。

由表3 - 20可知，当以净资产收益率（ROE）作为企业绩效度量指标时，残差（RES）的回归系数为 − 0.0050，在 1% 的统计水平上显著，说明资本性环保支出与企业绩效存在内生性关系。

表 3 − 21　　　　　　资本性环保支出与企业绩效的回归结果

变量	OLS		2SLS	
	ROE	ENC	ROE	ENC
常数项	− 0.5370 *** (− 9.7110)	1.6930 *** (12.3300)	− 0.5230 *** (− 8.6950)	1.2930 *** (6.2310)
ROE		− 0.1000 ** (− 2.3260)		− 0.2440 ** (− 2.9810)
ENC	− 0.0160 ** (− 2.3260)		− 0.0240 ** (− 2.3780)	
STATE	− 0.0140 *** (− 2.9980)	− 0.0120 (− 1.0100)	− 0.0140 *** (− 3.0130)	− 0.0150 (− 1.1770)
SIZE	0.0160 *** (6.0810)	− 0.0550 *** (− 8.6220)	0.0150 *** (5.6600)	− 0.0550 *** (− 4.3360)
DAR	− 0.1200 *** (− 9.5590)	− 0.0630 ** (− 1.9660)	− 0.1210 *** (− 4.6550)	− 0.0640 * (− 1.7930)
CON	0.0160 (1.0150)	0.0480 (1.2260)	0.0160 (1.0370)	0.0480 (1.2280)
BONUS	0.0230 *** (6.9030)	− 0.0160 ** (− 1.9690)	0.0230 *** (6.8380)	− 0.0160 * (− 1.8700)
INR	0.0500 (1.3550)	− 0.0090 (− 0.1000)	0.0490 (1.3520)	− 0.0090 (− 0.0960)
YEAR	控制	控制	控制	控制
INDUSTRY	控制	控制	控制	控制
F 值	18.4440	10.6020	18.3330	10.4460
调整后 R^2	0.1300	0.0760	0.1290	0.0750

注：***、** 和 * 分别表示在 1%、5% 和 10% 的水平上显著（双尾检验）；括号内的数值表示 T 值。

从表 3 − 21 可以看出，在两阶段最小二乘法（2SLS）的回归结果中，资本性环保支出（ENC）和企业绩效（ROE）均通过了5%的显著性检验，且回归系数的绝对值也大于普通最小二乘法（OLS）回归系数的绝对值。经稳健性检验，笔者的研究结论得到验证。

五、研究结论及建议

笔者以2010～2018年沪深A股377家重污染行业上市公司数据为样本，采用普通最小二乘法（OLS）、两阶段最小二乘法（2SLS）的线性回归模型，实证检验企业资本性环保支出与企业绩效的交互影响关系。经研究发现，重污染企业资本性环保支出与企业财务绩效显著负相关，即重污染企业增加资本性环保支出，不利于提升企业财务绩效；而作为反馈，重污染企业财务绩效与资本性环保支出亦为显著负相关，即重污染企业财务绩效越差，增加资本性环保支出的意愿越强。此外，在考虑内生性后所揭示的资本性环保支出与企业绩效的相互影响力更为可信。

根据前文的研究结论，笔者建议：第一，鉴于政府环境监管是引导企业贯彻绿色发展理念的必由之路，也是企业增加资本性环保支出的主要驱动力，我国环境治理的当务之急是：既要进一步完善环境保护相关法律法规和制度，又要强化环境规制的执行力度，防止出现环境规制的"强立法、弱执法"现象。第二，加大企业资本性环保支出的政策扶持力度，即运用补贴、奖励以及税收优惠等政策鼓励企业进行环保资本性投入，最大限度减轻企业因资本性环保支出的增加而形成的暂时性财务绩效压力。第三，考虑到重污染行业中的绩差企业既是行业发展的"短板"，又是行业中实施资本性环保支出最为积极的投资主体，对该类企业的环保投资项目，银行等金融机构应切实贯彻绿色信贷政策，优先给予信贷支持，以助力其破解资金实力不足的困局，早日完成生产条件上的"脱胎换骨"，实现绿色发展的良性循环。第四，完善现行企业绩效评价制度，将环境责任履行情况纳入企业绩效评价指标体系当中，尤其是对重污染企业，既要考核财务绩效，也要考核环境绩效。第五，改进环保投资相关业务的会计核算，对于"在建工程""固定资产""无形资产""研发支出"等账户，应增设"环保用"明细账户，用以反映企业资本性环保支出的增减变动情况，也便于向利益相关者提供企业自愿履行环境保护责任以及由此而产生的环境成本信息。

第四章

其他问题研究

第一节　董事会治理、反倾销
与企业财务绩效

一、问题的提出

出口企业是指依法获批自主出口经营权的企业，即该类企业可以实现自产自销来换取利润。我国出口企业自主开展出口业务，积极拓展海外市场，实现企业财务绩效的可持续增长，不仅为企业自身的发展奠定了基础，同时也对我国城镇就业岗位的创造、财政收入的增长、积极打造世界知名品牌以及民生的改善等方面都有着重要的贡献。毫无疑问，出口企业的财务绩效不仅是衡量企业盈利能力的主要指标，也是关系到我国对外贸易乃至经济发展的大问题。因此，基于不同的视角对影响出口企业财务绩效的因素展开研究具有重要意义。董事会治理是公司治理的关键要素，也是除股权结构之外影响出口企业财务绩效

的重要因素。国际反倾销是出口企业经营活动中的最大风险，无论是反倾销调查还是反倾销肯定性裁决，都会对企业产品销售乃至经营业绩构成不利影响，甚至是致命打击。那么，董事会治理、国际反倾销是如何影响中国出口企业财务绩效的呢？从中可以得到何种启示意义呢？笔者拟借鉴已有的研究成果，以2010~2016年沪深A股的出口企业上市公司为样本，深入研究董事会治理、反倾销对中国出口企业财务绩效的影响，并根据研究结论提出相关建议，以期为中国出口企业可以进一步完善董事会治理、有效的规避国际反倾销，以及提高中国出口企业财务绩效提供理论指导和决策参考。

二、董事会治理、反倾销与企业绩效关系的相关文献综述

董事会规模、独立董事比例、董事长与总经理两职合一情况以及董事会会议次数等方面是国内外研究董事会治理与企业绩效关系的焦点问题。关于董事会规模对企业绩效的影响，学术界大致有四种观点：亚马克（Yermack，1996）认为，董事会规模与企业的总资产收益率负相关，即董事会规模越小，决策的效率越高，企业绩效可能越好；丹尼斯和萨琳（Denis and Sarin，1999）则认为，董事会规模与企业的净资产收益率正相关；郝云宏和周翼翔（2010）的研究表明，董事会规模与企业总资产收益率无显著关联，即董事会规模不会影响企业的绩效；而利普顿和罗什（Lipton and Lorsch，1992）、王迪等（2014）的研究则表明，董事会规模与企业绩效之间存在着倒U型的曲线关系。关于独立董事对企业绩效的影响学者们也是众说纷纭：贝辛格和巴特勒（Baysinger and Butler，1985）、曲亮等（2014）、李烨和黄速建（2016）认为，独立董事可以增加企业的价值；王迪等（2014）的研究则表明，独立董事比例对企业绩效具有负面、消极的影响，换言之，设置独立董事并不有利于提升企业的效益；而哈格特和布雷克（Bhagat and Black，2002）通过研究则否定了董事独立性与企业绩效的相关性。关于董事长兼任总经理即两职合一对企业绩效的影响，学者们的研究至今仍未取得一致性结论，简森和莫克林（Jensen and Meckling，1976）的研究发现，由同一人兼任董事长与总经理能够赋予总经理更多的自主决策权，既有效率又可以由总经理及时向董事会汇报公司经营情况，实现总经理个人利益与股东利益的双赢，因此，董事长与总经理两职合一有助于企业提高绩效。格耶尔和帕克（Goyal and Park, 2002)、王迪等 (2014)、李烨和黄速建 (2016) 的研究则表明，董事长与总经理两职合一对企业绩效具有负面作用，理由是：董事会主要的职能之一就是对受托人——总经理进行监督，当董事长与总经理两职合一时，在缺乏有效制度约束的情况下，董事会对经理人的监督往往会流于形式，容易导致经理人薪酬制度、业绩评价等有失公允，而这种情况很可能会损害公司及其他委托人的利益。学术界就董事会会议次数与企业绩效关系的研究也是由来已久，简森和莫克林 (Jensen and Meckling, 1976) 的研究发现，频繁的董事会会议可能是董事会对企业低绩效的一种反应；而利普顿和罗什 (Lipton and Lorsch, 1992) 则认为，董事会会议次数多可以提高董事会运作效率，从而有利于提升企业价值；牛建波和李胜楠 (2008) 以民营上市公司为样本的研究表明，年度内董事会会议次数与每股收益和资产收益率之间存在着显著的倒 U 型关系；范利民和李秀燕 (2009) 以广西上市公司为样本进行的研究结果显示，董事会会议次数与企业绩效无关。

国内外关于反倾销对企业绩效的影响研究也较为深入。康等 (Kang et al., 2012) 利用美国、欧盟和中国行业数据进行广义矩估计，钱德拉和龙 (Chandra and Long, 2013) 使用中国行业数据进行实证研究，结果均表明，发起反倾销、征收反倾销税都会对本国企业绩效存在正面影响，但对他国出口企业绩效及劳动生产率存在负面影响。陈阵和孙若瀛 (2013) 采用 1999～2009 年中国造纸与橡胶企业层面的微观面板数据，运用"倍差法"研究美国"双反"政策对中国企业绩效的影响，结果表明，美国对华"双反"政策降低了中国企业的产值、产品销售收入以及劳动生产率，对中国企业绩效产生了显著的负面影响。蒋为和孙浦阳 (2016) 采用"倍差法"从直接与间接渠道两个角度，发现美国对华反倾销调查对企业的经营绩效与融资状况均产生了显著的负面影响。

纵观已有的国内外文献不难看出，学者们关于企业绩效影响因素的研究大都将视角涵盖所有行业，鲜有针对董事会治理特征、反倾销与中国出口企业绩效关系的研究成果。为了克服基于总体样本数据进行分析未能反映行业差异性的缺陷，进一步丰富企业绩效影响因素相关理论研究，笔者借鉴已有模型，实证检验董事会治理特征、反倾销对中国出口企业财务绩效的影响。

三、理论分析与研究假设

（一）董事会治理与出口企业财务绩效

1. 董事会规模与出口企业财务绩效

如前文所述，是大规模的董事会适合企业的发展，还是小规模的董事会对企业更有利，学术界至今还未有定论。董事会是企业的核心决策机构，需要为许多悬而未决的重大议题做出决策，董事会规模过小，董事会成员过少，会导致企业决策层的经营思路极易受到限制与制约，无法做到博采众长，对于出口企业来说，规模相对较大的董事会意味着企业面临更多来自不同利益相关者代表的监督，能够实现知识和技能的优势互补，进而为企业在国内外的发展集思广益，有利于提高企业绩效。因此，笔者提出如下假设：

H4-1：出口企业董事会规模越大，越有助于企业提高财务绩效。

2. 独立董事比例与出口企业财务绩效

我国建立独立董事制度的初衷是为了遏制大股东凭借股权优势侵犯中小股东利益的行为，建立该制度对于进一步完善上市公司董事会治理结构，促进上市公司规范而又有效的运作可以起到积极的作用。但也应看到，现阶段的独立董事基本上是大股东推荐产生，且大多为名人或学者的兼职，对公司的运营情况知之甚少，加之出口企业的经营环境较为复杂，独立董事获取信息的渠道在很大程度上受制于管理层，其履职情况与企业绩效无直接关系，而独立董事津贴对于公司来说也是一笔不小的费用开支。因此，笔者提出如下假设：

H4-2：出口企业独立董事比例越大，越不利于企业提高财务绩效。

3. 两职合一与出口企业财务绩效

一元领导结构和二元领导结构是现阶段董事会的基本权利架构。一元领导结构是指公司的董事长与总经理两职合一，而二元领导机构则是指董事长与总经理两职分离。从理论上讲，董事长领导整个董事会对股东负责，而总经理则对董事会负责，两者之间是决策与执行、监督与被监督的关系。中国证监会在2002年发布的《中国上市公司治理准则》中明确指出，不鼓励上市公司中董事长与总经理两职合一。其原因在于：为了提高董事会的独立性，防止总经理控制董事会，董事长不应兼任总经理。但本书认为，当董事长兼任总经理即两职合一时，一是委托人与受托人追求的目标一致，不存在二者利益冲突问题；二是可以避免董事长与总经理两者之间因权力斗争而不断地产生内耗，从而对公司经营战略及绩效产生不利的影响；三是出口企业面对的是国际、国内两个市场，两职合一便于公司决策层在瞬息万变的市场中快速地反应并做出决策，从而抓住难得的机遇实现经理人自身利益与企业利益的双赢。因此，笔者提出如下假设：

H4-3：出口企业董事长与总经理两职合一，有利于企业提高财务绩效。

4. 董事受教育程度与出口企业财务绩效

"路径依赖"效应时常在公司运营过程中有所体现，即决策者通常是凭经验和习惯去办事。根据有限理性理论，如果公司决策者的知识储备不足、创新意识不强，在经营者众多的市场中势必会影响公司的决策效果，最终影响企业的绩效。一般来说，随着人的教育程度以及知识水平的提高，人的经济决策会更加充满理性。在出口企业经营活动中，董事会成员也会随着知识结构的趋于合理而做出更加理性的经营决策，使得人尽其才，进而有利于提高企业财务绩效，实现相关者利益最大化的目标。然而，学历高并不等于能力强，有的高学历董事往往会因为缺乏实践经验而纸上谈兵，仅仅是根据书本上的知识去做经济决策，而这样的决策并不意味着会提高企业的经济效益。因此，笔者提出如下假设：

H4-4a：出口企业董事受教育程度越高，越有利于企业提高财务绩效。

H4-4b：出口企业董事受教育程度越高，越不利于企业提高财务绩效。

5. 董事会会议次数与出口企业财务绩效

董事会成员进行沟通、制定决策、履行监督与决策职责的一个重要平台就是董事会会议。董事会会议频率可以在一定程度上反映董事会成员是否履职尽责，有无慵懒甚至不作为倾向。当然，也必须看到，尽管召开董事会会议使得董事会成员有更多的时间去交流、制定战略和监督管理层，但是，召开董事会会议毕竟会发生包括旅差费、董事会会议费在内等费用，加之，参加会议也要占用董事会成员的工作时间，分散其用于管理上的精力，所以过多的董事会会议容易演变为"文山会海"，不但反映董事会工作效率低下，也势必会影响企业的绩效。因此，笔者提出如下假设：

H4-5：出口企业董事会会议次数越多，越不利于企业提高财务绩效。

（二）反倾销与出口企业财务绩效

反倾销是指进口国的管理机构如商务部等根据受倾销损害的本国企业的申诉，对本国企业造成实质性损害的进口商的产品进行立案调查及处理过程。出口产品国际市场份额锐减、国际竞争力骤降的重要原因就在于临时反倾销税的征收与反倾销最终的措施的实施。这些措施最终会迫使该出口产品退出进口国市场，并给出口企业及相关产业带来不可估量的损失。如果出口企业在一国被裁定倾销行为成立，那么，该企业在随后也会因"多米诺骨牌效应"而遭受其他国家反倾销调查机构接踵而至的调查，进而可能会遭受更为严重的利益损害。中国遭遇反倾销的次数较多，也使得相关出口企业的绩效不可避免受到波及。因此，笔者提出如下假设：

H4-6：反倾销对出口企业财务绩效有负向影响。

四、研究设计

（一）变量选取与模型构建

1. 变量选取

（1）笔者以净资产收益率（ROE）来代表出口企业财务绩效。这是因为：净资产收益率既可以直观的表明所有者投入资本的获利能力，又可以客观的反映企业的经济效益，是企业绩效评价体系中相比于总资产收益率和托宾 Q 值来说综合性最强的财务指标。

（2）董事会规模（BSIZE）、独立董事比例（INDE）、董事长与总经理两职合一情况（DUAL）、董事受教育程度（EDU）和董事会会议次数（MT）是笔者选取的用来代表公司的董事会治理特征的变量。另外，笔者通过中国贸易救济信息网所披露的信息来判定出口企业是否遭遇反倾销调查（AD）。

（3）笔者参考尤特鲁（Yurtoglu，2000）、格耶尔和帕克（Goyal and Park，2002）的方法，选取公司规模（SIZE）、年度（YEAR）及行业（IND）作为控制变量来避免其他因素的干扰。

2. 模型构建

借鉴尤特鲁（Yurtoglu，2000）、格耶尔和帕克（Goyal and Park，2002）

的研究成果，笔者构建线性回归模型如下：

$$ROE = \alpha_0 + \alpha_1 BOD + \alpha_2 AD + \alpha_3 CONTROL + \varepsilon \qquad (4-1)$$

其中，ROE 代表出口企业财务绩效；BOD 代表董事会治理特征，具体包括董事会规模（$BSIZE$）、独立董事比例（$INDE$）、董事长与总经理两职合一情况（$DUAL$）、董事受教育程度（EDU）和董事会会议次数（MT）等五个变量；AD 代表企业是否遭遇反倾销调查；$CONTROL$ 代表控制变量，具体包括公司规模（$SIZE$）、年度（$YEAR$）和行业（IND）三个变量。上述变量及其定义如表 4-1 所示。

表 4-1　　　　　　　　　　　　变量及其定义

变量		变量符号	变量定义
出口企业财务绩效（ROE）	净资产收益率	ROE	净利润/所有者权益
董事会治理特征（BOD）	董事会规模	$BSIZE$	董事会总人数
	独立董事比例	$INDE$	独立董事人数/董事会总人数
	两职合一情况	$DUAL$	董事长与总经理两职合一 $=1$，否则 $=0$
	董事受教育程度	EDU	硕士以上学历董事人数/董事会总人数
	董事会会议次数	MT	年度内董事会召开会议的次数
国际反倾销（AD）	遭遇反倾销调查	AD	遭遇反倾销调查 $=1$，否则 $=0$
控制变量（$CONTROL$）	公司规模	$SIZE$	总资产额的自然对数
	年度	$YEAR$	按照不同年度设置七个虚拟变量
	行业	IND	按照证监会上市公司行业分类标准二位分类法设置二十九个虚拟变量

（二）研究样本与数据来源

笔者选取 2010~2016 年沪深 A 股出口企业上市公司作为研究对象，根据研究需要对上述样本进行了筛选，最终得到 600 家上市公司样本。笔者遵循以下原则筛选样本：第一，不考虑上市时间短于样本期的企业；第二，ST、*ST 公司以及相关数据缺失的公司不纳入研究范围。变量中净资产收益率

（*ROE*）、董事会规模（*BSIZE*）、独立董事比例（*INDE*）、董事长与总经理两职合一情况（*DUAL*）、董事受教育程度（*EDU*）、董事会会议次数（*MT*）、公司总资产额、行业分类标准均取自国泰安 CSMAR 数据库。反倾销调查的数据取自中国贸易救济信息网。实证部分采用 EXCEL 2010 和 SPSS 21.0 软件进行数据处理。

五、实证分析

（一）描述性统计分析

文中主要变量的描述性统计如表 4 - 2 所示。

表 4 - 2　　　　　　　　变量的描述性统计（$N = 4200$）

变量	最小值	最大值	均值	标准差
BSIZE	5	18	8. 8900	1. 6290
INDE	0. 3333	0. 7143	0. 3694	0. 0547
DUAL	0	1	0. 2600	0. 4400
EDU	0	1	0. 5641	0. 2354
MT	2	38	9. 3600	3. 5900
AD	0	1	0. 1700	0. 3710
SIZE	18. 2906	26. 6067	22. 0578	1. 1548
YEAR	1	7	4	2
IND	1	29	12. 2600	6. 4770

从表 4 - 2 的描述性统计中可见：

1. 董事会治理方面

（1）按照我国的《公司法》规定，股份有限公司的董事会人数应在 5 ~ 19 之间。描述性统计分析报告了董事会规模（*BSIZE*）的数值：董事会规模（*BSIZE*）的最大值为 18，最小值为 5，均值为 8. 8900，表明样本公司董事会成员人数均符合《公司法》的要求。

（2）描述性统计分析亦报告了公司中独立董事占比（*INDE*）：独立董事比例（*INDE*）的最大值为 0.7143，最小值为 0.3333，均值为 0.3694。这表明，样本公司均按照《公司法》要求建立了独立董事制度，并保证了独立董事占董事会成员人数的 1/3 以上。

（3）从两职合一情况来看，两职合一（*DUAL*）的均值为 0.2600，标准差为 0.4400。这表明，样本公司中董事长与总经理两职合一的情况并不是很多。

（4）描述性统计分析报告了董事受教育程度（*EDU*）：董事受教育程度（*EDU*）的最大值为 1，最小值为 0，均值为 0.5641，标准差为 0.2354。这表明，大多数出口企业的董事会成员都已获得了硕士研究生以上的学历。

（5）描述性统计分析报告了董事会会议次数（*MT*）：董事会会议次数（*MT*）的最大值为 38，最小值为 2，均值为 9.3600，标准差为 3.5900。这表明，大部分样本公司召开董事会会议的次数并不多，但个别公司年度董事会会议竟达到 38 次，如此之多的董事会会议是否真有必要，值得进一步探究。

2. 其他变量方面

（1）遭遇反倾销调查（*AD*）。该变量的均值为 0.1700，标准差为 0.3710，表明样本公司遭遇反倾销调查的情形不多。

（2）公司规模（*SIZE*）。公司规模的均值为 22.0578，标准差为 1.1548，说明样本公司的总资产额互相比较来看差距较大。

（二）相关性分析

Pearson 相关性分析如表 4-3 所示。

表 4-3　　　　　　　　　Pearson 相关系数分析

变量	*BSIZE*	*INDE*	*EDU*	*MT*	*SIZE*	*YEAR*	*IND*
BSIZE	1						
INDE	-0.3700 ***	1					
EDU	-0.0120	0.1390 ***	1				
MT	-0.0170	0.0890 ***	0.0920 ***	1			

续表

变量	BSIZE	INDE	EDU	MT	SIZE	YEAR	IND
SIZE	0.3050 ***	0.0290 *	0.1990 ***	0.1870 ***	1		
YEAR	0.0670 ***	0.0690 ***	0.0300 *	0.0920 ***	0.1970 ***	1	
IND	0.0460 ***	0.0060	0.0140	0.0760 ***	0.0760 ***	0.0010	1

注：*** 、** 和 * 分别表示在1%、5%和10%的水平上显著（双尾检验）。

由表4－3的 Pearson 相关系数检验可知，笔者所选变量的相关系数均小于0.40，表明文中选取的几个解释变量构建的回归模型不存在严重的多重共线性问题，据此进行回归分析所得出的结论具有较高的可信度。

（三）回归分析

1. 董事会治理与出口企业财务绩效

笔者首先检验董事会治理与出口企业财务绩效的关系，其回归分析结果如表4－4所示。在模型（1）、模型（2）、模型（3）、模型（4）、模型（5）中，将净资产收益率（ROE）作为因变量，分别以董事会治理特征董事会规模（BSIZE）、独董比例（INDE）、两职合一情况（DUAL）、董事受教育程度（EDU）和董事会会议次数（MT）作为模型的自变量，并同时对控制变量公司规模（SIZE）、年度（YEAR）、行业（IND）进行回归分析；在模型（6）中，同时加入五个董事会治理变量（BSIZE、INDE、DUAL、EDU、MT）进行回归分析。

表4－4　董事会治理与出口企业财务绩效回归分析结果（N＝4200）

解释变量	被解释变量 ROE					
	（1）	（2）	（3）	（4）	（5）	（6）
常数项	－ 0.1730 *** （ － 3.9860）	－ 0.1560 *** （ － 3.4070）	－ 0.2060 *** （ － 4.6480）	－ 0.1770 *** （ － 4.0650）	－ 0.1790 *** （ － 4.1160）	－ 0.1930 *** （ － 4.1200）
BSIZE	0.0020 （1.1110）					0.0010 （0.8340）

解释变量	被解释变量 ROE					
	(1)	(2)	(3)	(4)	(5)	(6)
INDE		-0.0540 (-1.2690)				-0.0510 (-1.1030)
DUAL			0.0180 *** (3.4570)			0.0190 ** (3.6760)
EDU				-0.0070 (-0.6740)		-0.0020 (-0.1820)
MT					-0.0010 ** (-2.0160)	-0.0010 * (-1.8620)
SIZE	0.0130 *** (6.1890)	0.0140 *** (6.9380)	0.0150 *** (7.4090)	0.0140 *** (6.9160)	0.0150 *** (7.1580)	0.0150 ** (6.8540)
YEAR	控制	控制	控制	控制	控制	控制
IND	控制	控制	控制	控制	控制	控制

注：*** 、** 和 * 分别表示在1%、5%和10%的水平上显著（双尾检验）；括号内的数值表示 T 值。

表4-4的回归结果显示：在模型（1）与模型（6）中，董事会规模与出口企业财务绩效呈正相关，但均未通过显著性检验，故假设 H4-1 不成立。这可能与出口企业董事会建设中普遍存在着重形式而轻实质，重规模而轻质量问题不无关系。在模型（2）与模型（6）中，独立董事比例与出口企业财务绩效呈负相关，但均未通过显著性检验，故假设 H4-2 不成立。究其原因在于：其一，有的出口企业仅仅是为了在形式上符合相关制度的规定而设立独立董事；其二，有的出口企业是出于情感的考虑而非基于能力上考虑才聘用独立董事；其三，有的出口企业独立董事虽然具备较为专业的素质及才能，但限于兼职岗位的情形，对企业提升经营业绩的帮助并不大。在模型（3）与模型（6）中，董事长兼任总经理即两职合一与出口企业财务绩效在 1% 水平上显著正相关，相关系数为 0.0180 和 0.0190，即董事长兼任总经理对出口企业财务绩效有正面的影响，假设 H4-3 得到验证。这或许是因为两职合一使得出口企业的高管更加具有归属感，更有利于创造机会从而提升出口企业财务绩效，实现自身与公司利益的双赢。在模型（4）与模型（6）

中，董事受教育程度与出口企业财务绩效呈负相关，但均未通过显著性检验，故假设 H4－4a 和假设 H4－4b 均不成立。这表明董事会成员学历的高低对出口企业财务绩效无显著影响。在模型（5）与模型（6）中，董事会会议次数与出口企业财务绩效分别在 5% 和 10% 水平上显著负相关，相关系数均为 －0.0010，即召开董事会会议次数越多反而对出口企业财务绩效有负面影响。这可能表明高频率董事会会议既加重企业的费用负担，又占用了董事会成员过多的时间，使其无法集中精力于公司的经营与管理，最终结果给出口企业提高财务绩效带来负面影响。

2. 国际反倾销与出口企业财务绩效

为了检验国际反倾销调查与出口企业财务绩效的关系，笔者在模型（7）中，将净资产收益率作为因变量，以反倾销（AD）作为模型的自变量，并同时对控制变量公司规模（SIZE）、年度（YEAR）、行业（IND）进行回归分析。国际反倾销与出口企业财务绩效的回归分析结果如表 4－5 所示。

表 4－5　　国际反倾销与出口企业财务绩效回归分析结果（$N = 4200$）

解释变量	被解释变量 ROE	
	(7)	
	系数	T 值
常数项	－0.2120 ***	－4.9880
AD	－0.0810 ***	－13.6350
SIZE	0.0160 ***	8.1760
YEAR	控制	
IND	控制	
检验结果	F = 82.2480；调整 R^2 = 0.0730；DW = 1.6390	

经回归分析可知：遭遇反倾销虚拟变量与出口企业财务绩效在 1% 水平上显著负相关，相关系数为 －0.0810，假设 H4－6 得到了验证。这说明，出口企业遭遇反倾销调查，一方面会使得应诉企业支出巨额应诉费用，另一方面势必影响相关产品在国际市场上的销售态势，最终都会造成出口企业的财务绩效受损。

3. 总体检验

将前文所设置的解释变量同时加入一个模型进行回归，通过全部变量的回归分析来检验前文的实证结论。加入全部变量的模型（8）回归分析结果如表 4 - 6 所示。

表 4 - 6　董事会治理、反倾销与出口企业财务绩效回归分析结果（N = 4200）

解释变量	被解释变量 ROE	
	（8）	
	系数	T 值
常数项	- 0.2310 ***	- 5.0230
BSIZE	0.0010	0.8500
INDE	- 0.0600	- 1.3240
DUAL	0.0200 **	3.8690
EDU	- 0.0050	- 0.5190
MT	- 0.0010 **	- 2.2290
AD	- 0.0820 ***	- 13.7820
SIZE	0.0180 ***	8.1440
YEAR	控制	
IND	控制	
检验结果	F = 39.3010；调整 R^2 = 0.0760；DW = 1.6430	

从表 4 - 6 中可知，本部分研究所设置变量的回归系数的正负关系和显著性与前文实证检验所得出的结果基本上一致，再次验证了前文的实证结果。

（四）稳健性检验

笔者从以下两个方面对实证结果进行稳健性检验：第一，在其他变量保持不变的情况下，选取销售毛利率（GPM），即主营业务收入与主营业务成本之差除以主营业务收入来替代净资产收益率，然后进行回归分析；第二，在其他变量保持不变的情况下，选取股东大会次数变量（SMT），即年度内公司股东大会次数来替代董事会会议次数变量，然后进行回归分析。回归结果显示，各变量系数的正负关系，以及变量在模型中的显著性与之前的回归结果相一致，前文的实证结果得到了验证。

六、研究结论与建议

前文的研究表明，我国出口企业董事长与总经理两职合一与企业财务绩效呈显著正相关关系；我国出口企业董事会会议次数、遭遇反倾销调查与企业财务绩效呈显著负相关关系；而出口企业董事会规模、独立董事比例、董事受教育程度则对企业财务绩效的影响并不显著。此外，实证结果还表明，出口企业的资产规模与企业财务绩效呈显著正相关关系。

前文的研究结论为我国出口企业通过进一步完善董事会治理和反倾销应对机制，来提高企业财务绩效提供了以下可行性思路：第一，虽然董事长与总经理两职分设在理论上具有明显的优势，但这种董事会领导结构却并不适用于所有企业，出口企业应提倡董事长兼任总经理；第二，出口企业董事会建设应遵循会计上的"实质重于形式"要求，对独立董事的选聘应重点关注其素质和能力以及对公司经营业务的熟悉程度，杜绝"董事不懂事"现象；同时，还应弱化对董事会规模、董事会成员高学历的刻意追求；第三，在出口企业中，年度内召开董事会会议的次数不宜过多，以免给企业增加不必要的费用负担，以及过度占用董事会成员的时间和精力；第四，反倾销是出口企业发展中面临的重大危机，也是出口企业提高财务绩效的最大障碍，建立和完善反倾销危机管理机制已成为众多出口企业风险管理中的当务之急。

第二节　股权结构与企业财务绩效

一、问题的提出

拉动中国经济发展的传统"三驾马车"之一就涵盖对外贸易。中国出口企业一般是在中国开展主要经济业务，同时也依法获批自主出口经营权的企业。作为对外贸易的主体，出口企业自主开展出口业务，推销自身的品牌商品，积极拓展海外市场，通过自产自销来实现企业绩效的可持续增长，不仅为企业自身的发展奠定了基础，同时也对创造中国城镇就业岗位、增加财政收入以及改善民生等方面都有着重要的贡献。毫无疑问，中国出口企业能否不断提高企业绩效，不仅关系到中国出口企业能否做大做强并实现质的飞跃，也是中国能否实现从贸易大国到贸易强国转变的关键所在。基于此，深入分析如何在全球贸易保护主义不断升级的环境下，通过优化公司治理结构的方式来提高中国出口企业绩效则显得尤为重要。股权结构是企业产权制度安排的具体形式。它既是公司治理结构的核心内容，也是决定企业成长的"基因组织"，更是关系到企业绩效能否提高的重要影响因素。那么，股权结构对中国出口企业绩效的影响究竟是怎样的呢？这些影响又会带来哪些启示呢？笔者拟结合沪深 A 股的出口企业上市公司的经验数据，基于控股股东类型、股权集中度、股权制衡度、机构持股比例和高管持股比例的角度，探析股权结构与中国出口企业绩效的关系，并根据研究结论提出相关建议，以期为如何优化中国出口企业股权结构以及进一步的提高企业绩效提供理论指导和决策参考。

二、股权结构与企业绩效关系的相关文献综述

股权集中度、股权制衡度，以及高管持股等方面是国内外关于股权结构与企业绩效关系研究的焦点。

关于股权集中度对企业绩效影响的学术讨论可以说是由来已久，国外的学者们对该研究主题普遍着手得较早。法玛和简森（Fama and Jensen，1983）、拉波塔和谢里夫（LaPorta and Shleifer，1999）、尤特鲁（Yurtoglu，2000）、胡国柳和蒋国洲（2007）认为，企业的大股东与中小股东的利益并不一致，大股东通常会在缺乏有效监管的情形下以牺牲中小股东利益为代价来实现自身利益最大化，在这种情形之下，股权集中型企业的绩效通常较低。约翰森等（Johnson et al.，2000）将该行为概括为"隧道挖掘"效应，即企业的大股东通过各种暗箱操作等手段转移企业资产和利润来侵犯中小股东利益，进而导致产生了损害企业绩效的后果。然而，谢里夫和维斯尼（Shleifer and Vishny，1986）、李烨和黄速建（2016）则认为，当企业的董事长和总经理两职合一时，会实现大股东与中小股东的利益趋同，在该种情况下，较高

的股权集中度有利于提高企业的综合绩效。

学者们关于股权制衡度对企业绩效影响的看法也不尽相同。陈德萍和陈永圣（2011）认为，股权制衡度越高，即除了第一大股东以外的股东持股比例越大，仅第一大股东的决定不能完全代表公司的意志，这在一定程度上可以防止控股股东利用"一股独大"的优势任意行使权力，以至于危害公司的利益，进而有助于提高企业的绩效；而莱曼和维冈（Lehmann and Weigand，2000）、熊风华和黄俊（2016）则认为公司股权制衡度越高，在遇到需要公司做出重大决策时，因大股东个体之间所存在的差异，往往会使得各大股东意见出现分歧，从而导致决策效率与公司绩效均降低的后果。

高管持股对企业绩效的影响究竟怎样呢？简森和莫克林（Jensen and Meckling，1976）通过委托－代理理论展开研究，结果表明增加高管持股比例可以使得高管与股东利益趋同，通过减少信息不对称带来的高管隐性消费、攫取股东财富以及其他非最优选择的行为，进而降低代理成本，提升公司价值。杨蕙馨和王胡峰（2006）、马富萍和郭玮（2012）、卢宁文和孟凡（2017）均支持该结论，即增加高管持股比例可以提升企业绩效。而法玛和简森（Fama and Jensen，1983）则认为，事情总有两面性，高管持股比例上升是可以在一定程度上实现高管与股东的利益趋同，但也会降低高管受到外部控制权市场的威胁，转而选择非最优的决策以使得自己获得较大的收益，而这样的后果则是公司成为利益损失最大的一方。但是，孙万欣和陈金龙（2013）、张曦和许琦（2013）、陶萍等（2016）则经研究发现高管持股比例与公司绩效并无关联，两者的关系并不显著。

纵观已有的国内外文献不难看出，研究企业绩效的视角大多以所有行业的上市公司来展开，鲜有研究股权结构与中国出口企业绩效关系的成果。中国出口企业基本上属于制造业，其经营活动的最大特点是面对国内和国外两个市场，这就决定了出口企业绩效的影响因素势必具有特殊性。为了弥补已有的研究中未能反映出口企业异质性的不足，笔者拟以国泰安 CSMAR 数据库里的中国出口企业上市公司为样本，从出口企业控股股东类型入手，实证检验股权结构对中国出口企业绩效的影响，并在此基础上对中国出口企业尤其是国有控股出口企业股权制度和主要高管人员任用机制改革提出政策性建议。

三、理论分析与研究假设

（一）控股股东类型与出口企业绩效

目前，我国出口企业上市公司中许多是由原国有企业改组设立，其股权结构中普遍表现为国有股"一股独大"的特点。在国家所有制的条件下，每一位投资者名义上都是公司财产的所有者，但实际上因为所持份额过少又无法履行归其所有部分财产的所有权，因此，每位投资者都不可能直接成为公司财产所有者主体。于是，国家或地方国资委下属的投资公司作为控股股东代表全体投资者来经营和管理国有企业。而这些富有较强行政色彩的投资公司则通常使用行政手段来管理和运作国有企业。这使得国有企业中董事和监事的产生、董事长和总经理的任命实际上都是通过行政手段来决定的。这导致了许多国有企业的董事会和总经理的人选早已"内定"，从而形成了国家行政干预下的管理者任用情形。由于我国还未建立一个统一的经理人市场，经理人的资源呈现出一种"稀缺性"的状态。主管部门或企业无处选择合适的经理人，难以对在职经理人员形成"就职替代压力"和有效监督，而在职的经理人员则可以利用"内部人控制"来排斥有限的潜在竞争者，并继续保有经理人的岗位。控股股东既无力选择能力强的经营者，又无力承担对经营者实施有效监控而引致的高昂代理成本。同时，国有企业还担负着增加就业机会、维护社会稳定等非经济使命，这些因素也都使得国有资产的保值增值无从谈起。基于此，笔者提出如下假设：

H4-7：相对于非国有控股出口企业而言，国有控股出口企业绩效较差。

（二）股权集中度与出口企业绩效

在股权相对分散的情形下，股东可能会因为持股不多而缺少管理公司的动力和能力，其结果势必加大了经理人员的"逆向选择"和"道德风险"，股东与经理人员的目标函数也会因此而更加分散，这于提高企业绩效无益。而在股权高度集中的情形下，大股东的行为特点通常具有两面性，对公司绩效的影响也相应不同：一方面，处于绝对控股地位的大股东既是企业的管理者又是所有者，与其他股东的利益也是高度一致的，即以实现公司价值最大化为目标；另一方面，在股权高度集中的企业中，如果外部监管和内部股权制衡缺失，大股东往往会产生提高在职消费，甚至不惜牺牲公司利益以实现自身利益最大化的动机。基于此，笔者提出如下假设：

H4-8a：当出口企业股权集中度越高时，易促进企业绩效提高。

H4-8b：当出口企业股权集中度越高时，易导致企业绩效降低。

（三）股权制衡度与出口企业绩效

在股权高度集中的情形下，如果公司的大多数股份掌握在几个大股东手中，加之外部监管得力，大股东有动力也有能力来提高公司治理效率，其追求的目标与中小股东的利益诉求是完全一致的，这有利于公司的发展。换言之，大股东之所以有牺牲公司中小股东利益以实现自身利益最大化的行为，这不是股权高度集中"惹的祸"，而是外部监管和内部股权制衡缺失所导致。公司股权如能为多个大股东所共有，各股东间权利相互制衡，既可以有效地避免大股东"一言堂"现象，也可以遏制控股股东利用股权优势掏空公司的行为，同时还可以增强大股东在获取信息、对管理层的监督等方面的动力，从而提升公司治理水平和经营绩效。基于此，笔者提出如下假设：

H4-9：出口企业股权制衡度越高，越有利于提高企业绩效。

（四）机构持股比例与出口企业绩效

近年来，在上市公司中，以各类基金为代表的机构投资者往往会采用积极的方式来保护自身的投资利益，即主动增加持股比例、参与被投资企业的经营与决策，从而推动企业绩效的提升。周运兰等（2013）、姚铮和王嵩（2014）、刘颖斐和倪源媛（2015）等均肯定了机构投资者增加持股比例对企业绩效的正向推动作用。笔者认为，与个人投资者相比而言，机构投资者更加具有专业、信息以及经验优势，机构投资者主动参与被投资企业的经营与决策，可以一定程度上约束被投资企业大股东以及经理人员的非理性行为，有效降低代理成本，改善企业的经营业绩。基于此，笔者提出如下假设：

H4-10：出口企业机构持股比例越高，越有利于提高企业绩效。

（五）高管持股比例与出口企业绩效

在现代企业制度下，企业所有权与经营权分离，委托与受托关系应运而生。委托人即股东拥有企业所有权，受托人即经理人员拥有企业经营权。受托人接受委托人的委托来经营管理委托人的资源以使其保值与增值。委托人追求的是自身财富的最大化，而受托人追求的则是自身报酬的最大化，这必然会导致两者的利益发生冲突，极易产生"内部人控制"问题，即经理人员以牺牲股东利益为代价来实现自身利益最大化目标。因此，通过企业高管人员持股方式对其予以激励，对于促进经理人员与股东的目标相趋同，实现受托人与委托人的双赢无疑具有重要的意义。基于此，笔者提出如下假设：

H4-11：出口企业高管持股比例越高，越有利于提高企业绩效。

四、研究设计

（一）变量定义与模型设定

1. 变量定义

（1）净资产收益率（ROE）是笔者所定义的解释变量。这是因为净资产收益率（ROE）不仅可以反映企业效益的好坏，还可以反映资本回报率的高低。由于我国资本市场尚不成熟，股票价格与其价值背离程度较高，因此，与托宾 Q 值相比较而言，现阶段以净资产收益率作为度量出口企业绩效的指标具有明显的优势。

（2）笔者以控股股东类型（NAT）、股权集中度（CON）、股权制衡度（ERR）、机构持股比例（ISR）和高管持股比例（STM）来代表公司的股权结构。其中，对于控股股东类型（NAT）的衡量，当第一大股东为国有股股东时，控股股东类型（NAT）取值为 1，否则取 0。对于股权集中度（CON）的衡量，笔者借鉴胡国柳和蒋国洲（2007）、林乐芬（2005）的做法，以前五大股东持股比例的赫芬达尔指数来反映。对于股权制衡度（ERR）的度量，笔者借鉴陈德萍和陈永圣（2011）的做法，以第二大股东至第五大股东持股比例之和与第一大股东持股之比来反映。对于机构持股比例（ISR）的衡量，笔者借鉴周运兰等（2013）、姚铮和王嵩（2014）、刘颖斐和倪源媛（2015）的做法，采用机构持股数与流通股股数之比来反映。对于高管持股比例（STM）的度量，笔者借鉴杨蕙馨和王胡峰（2006）的做法，以高管人员持股总数占公司股本总数的比例来反映。

（3）模型的控制变量包括：公司规模（SIZE）、年度（YEAR）及行业（IND）。

2. 模型设定

笔者借鉴尤特鲁（Yurtoglu，2000）的研究方法，构建线性回归模型来检验股权结构对中国出口企业绩效的影响，并据此提出优化股权结构，从而提高企业绩效的政策建议。为了验证前文所提出的假设，笔者建立模型如下：

$$ROE = \alpha_0 + \alpha_1 SHS + \alpha_2 CONTROL + \varepsilon \qquad (4-2)$$

其中，净资产收益率（ROE）代表出口企业绩效；SHS 代表公司股权结构，具体包括控股股东类型（NAT）、股权集中度（CON）、股权制衡度（ERR）、机构持股比例（ISR）和高管持股比例（STM）五个解释变量；CONTROL 代表控制变量，具体包括公司规模（SIZE）、年度（YEAR）和行业（IND）。主要变量的解释详见表 4-7。

表 4-7　　　　　　　　　　　　主要变量定义

变量		变量符号	变量定义
出口企业绩效（ROE）	净资产收益率	ROE	净利润/所有者权益
股权结构（SHS）	控股股东类型	NAT	第一大股东为国有股 =1，否则 =0
	股权集中度	CON	前五大股东持股比例的赫芬达尔指数
	股权制衡度	ERR	第二至第五大股东持股比例之和/第一大股东持股比例
	机构持股比例	ISR	机构持股数/流通股股数
	高管持股比例	STM	高管持股总数/总股数
控制变量（CONTROL）	公司规模	SIZE	公司总资产额的自然对数
	年度	YEAR	年度虚拟变量
	行业	IND	行业虚拟变量

（二）样本选择与数据来源

笔者以上交所和深交所 2010～2016 年 A 股上市公司的出口企业为初始样本。企业基本面特征数据，如净资产收益率（ROE）、控股股东类型（NAT）、股权集中度（*CON*）、股权制衡度（*ERR*）、机构持股比例（*ISR*）和高管持股比例（*STM*）、公司规模（*SIZE*）均取自国泰安 CSMAR 数据库。行业分类标准取自证监会颁布的《上市公司行业分类指引》。数据筛选过程如下：第一，筛掉上市时间小于样本期间七年的公司；第二，排除 ST、*ST 公司的样本数据；第三，剔除样本中数据缺失的公司。最终确定 4200 个观测值。对于数据的处理，笔者采用 SPSS 21.0。

五、实证结果与分析

（一）描述性统计分析

表 4-8 着重报告了主要变量的描述性统计结果。

表 4-8　　　　　　　　变量的描述性统计（*N* = 4200）

变量	最小值	最大值	均值	标准差
NAT	0	1	0.4200	0.4940
CON	0.0029	0.7268	0.1714	0.1212
ERR	0.0136	3.1293	0.5869	0.0546
ISR	0	0.6690	0.0410	0.0530
STM	0	0.3294	0.0373	0.5125
SIZE	18.2906	26.6067	22.0578	1.1548

从表 4-8 分析可知：

1. 股权结构方面

（1）控股股东类型（*NAT*）。国有控股公司占样本总数的 42%，非国有控股公司占样本总数的 58%，说明样本公司中非国有性质的居多。

（2）股权集中度（*CON*）。样本公司股权集中度的最大值为 0.7268，最小值为 0.0029，均值为 0.1714，标准差为 0.1212，说明样本公司中前五大股东的持股比例较为均衡。

（3）股权制衡度（*ERR*）。样本公司股权制衡度的最大值为 3.1293，最小值为 0. 0136，均值为 0. 5869，说明大部分样本公司前五大股东中后四大股东对第一大股东的制衡程度并不大。

（4）机构持股比例（*ISR*）。样本公司机构持股比例的最大值为 0. 6690，最小值为 0，均值为 0. 0410，说明机构投资者对出口企业上市公司的股票并不十分看好，持仓谨慎。

（5）高管持股比例（*STM*）。最大值达到了 0. 3294，最小值为 0，均值仅为 0. 0373，说明多数样本公司可能尚未实施高管持股计划，以至于高管持股比例较低。

2. 其他变量方面

公司规模（*SIZE*）的均值为 22. 0578，标准差为 1. 1548，最小值为 18. 2906，最大值为 26. 6067，这说明不同样本公司的总资产额相差较大。

（二）相关性分析

表 4 - 9 报告了主要变量相关性检验的结果。从表 4 - 9 中可知，在 Pearson 相关系数检验中，各变量间的相关系数均小于 0. 5。笔者随后进一步进行方差膨胀因子（VIF）检验，发现 VIF 均值为 1. 14，说明笔者选取的相关变量较为合理，多重共线性问题较小，回归结果是可以信赖的。

表 4 - 9　　　　　　　　　　　　Pearson 相关系数计算

变量	*CON*	*ERR*	*ISR*	*STM*	*SIZE*	*YEAR*	*IND*
CON	1						
ERR	- 0. 4320 ***	1					
ISR	- 0. 0670 ***	0. 0060	1				
STM	- 0. 0090	0. 0190	0. 0280 *	1			
SIZE	0. 2080 ***	- 0. 0930 ***	- 0. 0870 ***	- 0. 0350 **	1		
YEAR	0. 0010	0. 0010	0. 1020 ***	0. 0330 **	0. 1970 ***	1	
IND	0. 1080 ***	- 0. 0740 ***	0. 0380 **	- 0. 0280 *	0. 0760 ***	0. 0010	1

注：***、** 和 * 分别表示在 1%、5% 和 10% 的水平上显著（双尾检验）。

（三）结果分析

为了检验股权结构与中国出口企业绩效的关系，笔者以股权结构变量作为自变量，同时控制变量公司规模（SIZE）、年度（YEAR）、行业（IND）变量。在模型（1）、模型（2）、模型（4）、模型（5）和模型（6）中，分别以控股股东类型（NAT）、股权集中度（CON）、股权制衡度（ERR）、机构持股比例（ISR）和高管持股比例（STM）作为模型的自变量进行回归分析。为了检验是否存在"利益趋同"效应与"隧道挖掘"效应，在模型（3）中加入股权集中度（CON）的平方项；在模型（8）中，同时加入股权集中度（CON）变量的一次项以及平方项进行回归。模型（7）为股权结构变量的一次项的回归结果。股权结构与出口企业绩效的回归分析如表4-10所示。

表4-10　　　　　　　　股权结构与出口企业绩效回归的实证结果

解释变量	被解释变量 ROE							
	（1）	（2）	（3）	（4）	（5）	（6）	（7）	（8）
常数项	-0.2410^{***} (-5.4310)	-0.1660^{***} (-3.7820)	-0.1810^{***} (-4.0530)	-0.1900^{***} (-4.3290)	-0.2120^{***} (-4.8600)	-0.1750^{***} (-4.0410)	-0.2630^{***} (-5.8420)	-0.2840^{***} (-6.1730)
NAT	-0.0300^{***} (-6.2830)						-0.0250^{***} (-5.0300)	-0.0250^{***} (-5.0250)
CON		0.0280^{*} (1.4490)	0.1120^{**} (2.1240)				0.0520^{**} (2.4850)	0.1640^{***} (2.9500)
CON^2			-0.1640^{*} (-1.7150)					-0.2100^{**} (-2.1690)
ERR				0.0100^{**} (2.3020)			0.0090^{*} (1.8660)	0.0110^{**} (2.2310)
ISR					0.0030^{***} (6.2220)		0.0030^{***} (5.8570)	0.0020^{***} (5.7920)
STM						0.0020 (0.4380)	0.0001 (0.0180)	0.0001 (0.0160)
$SIZE$	0.0180^{***} (8.4430)	0.0130^{***} (6.4750)	0.0140^{***} (6.6230)	0.0140^{***} (7.1000)	0.0150^{***} (7.6090)	0.0140^{***} (6.9300)	0.0170^{***} (8.2540)	0.0180^{***} (8.4340)

续表

解释变量	被解释变量 ROE							
	(1)	(2)	(3)	(4)	(5)	(6)	(7)	(8)
YEAR	控制	控制	控制	控制	控制	控制	控制	控制
IND	控制	控制	控制	控制	控制	控制	控制	控制
观测值	4200	4200	4200	4200	4200	4200	4200	4200
F 值	44.4280	34.7910	28.4340	35.6170	44.2440	34.2980	27.3090	24.8190
调整 R^2	0.0400	0.0310	0.0320	0.0320	0.0400	0.0310	0.0480	0.0490

注：***、** 和 * 分别表示在 1%、5% 和 10% 的水平上显著（双尾检验）；括号内的数值表示 T 值。

由表 4-10 的回归结果可知：第一，在模型（1）与模型（8）的回归结构中，控股股东性质（*NAT*）与出口企业绩效（*ROE*）在 1% 水平上显著负相关，相关系数分别为 -0.0300 和 -0.0250，即控股股东是国有股的出口企业，其绩效往往较低，假设 H4-7 得到验证。显然，国有控股出口企业用人机制等问题对企业绩效的提升形成了羁绊。第二，在模型（2）中，股权集中度（*CON*）与出口企业绩效（*ROE*）在 10% 水平上显著正相关，相关系数为 0.0280；在模型（7）中，股权集中度（*CON*）与出口企业绩效（*ROE*）在 5% 水平上显著正相关，相关系数为 0.0520，这表明，股权集中度对出口企业绩效有正向的推动作用，假设 H4-8a 得到验证，假设 H4-8b 不成立。第三，在模型（3）中，股权集中度（*CON*）与出口企业绩效（*ROE*）在 5% 水平上显著正相关，相关系数为 0.1120；在模型（8）中，股权集中度（*CON*）与出口企业绩效（*ROE*）在 1% 水平上显著正相关，相关系数为 0.1640；在模型（3）中，股权集中度的平方项（CON^2）与出口企业绩效（*ROE*）在 10% 水平上显著负相关，相关系数为 -0.1640；在模型（8）中，股权集中度的平方项（CON^2）与出口企业绩效（*ROE*）在 5% 水平上显著负相关，相关系数分别为 -0.2100，即随着股权集中度的增强，出口企业绩效呈现出先升后降的态势。这表明，出口企业的股权集中度与企业绩效呈倒 U 型关系。第四，在模型（4）与模型（8）中，股权制衡度（*ERR*）与出口企业绩效（*ROE*）在 5% 水平上显著正相关，相关系数分别为 0.0100 和 0.0110，假设 H4-9 得到验证。也就是说，在出口企业上市公司中较高的股权制衡度可以对控股股东做出有效的监督从而改善企业绩效。第五，在模型（5）与模型（8）中，机构持股比例（*ISR*）与出口企业绩效（*ROE*）在1%水平上显著正相关，相关系数分别为0.0030和0.0020，即机构持股比例越高的出口企业，其业绩往往越好，假设H4-10得到验证。这表明，机构投资者增持某公司的股票意味着对该公司的发展前景比较看好，同时还有着积极参与被投资企业的经营管理，以及努力提升企业价值的意愿。换言之，机构持股比例的增加对企业绩效有着正向的推动作用。第六，在模型（6）、模型（7）和模型（8）中，高管持股比例（*STM*）与出口企业绩效（*ROE*）正相关，但该变量均未能通过显著性检验。假设H4-11未能得到验证，即该假设不成立。这与孙万欣和陈金龙（2013）、张曦和许琦（2013）、陶萍等（2016）的研究结果相同。

（四）稳健性检验

笔者采用替换变量的方法来做稳健性检验，即在模型（9）、模型（10）中，保持其他变量不变，用销售毛利率（*GPM*）替代净资产收益率，然后进行回归分析；在模型（11）、模型（12）中，以第一大股东持股比例变量替代股权集中度变量，随后进行回归分析。经检验，各变量系数的符号及显著性与之前的结果大体一致。实证结果的稳健性检验如表4-11所示。

表4-11　　　　　　　　　稳健性检验

解释变量	被解释变量 *GPM*		被解释变量 *ROE*	
	(9)	(10)	(11)	(12)
常数项	-0.3260 *** (-7.1700)	-0.3640 (-8.1770)	-0.3050 *** (-6.1730)	-0.2940 (-6.5210)
NAT	-0.0390 *** (-7.8280)	-0.0380 (-7.7290)	-0.0250 *** (-4.9710)	-0.0240 *** (-4.9630)
CON	0.2750 *** (5.1180)	0.0690 ** (3.3780)		
CON^2	-0.3890 ** (-4.1460)			

续表

解释变量	被解释变量 GPM		被解释变量 ROE	
	(9)	(10)	(11)	(12)
CO			0.0010 * (1.5310)	0.0010 * (3.5450)
CO^2			− 0.0410 * (− 0.5540)	
ERR	0.0410 *** (8.6410)	0.0370 *** (7.9740)	0.0120 ** (2.5370)	0.0120 ** (2.4880)
ISR	0.0030 *** (7.3050)	0.0030 *** (7.3630)	0.0030 *** (5.8580)	0.0030 *** (5.8860)
STM	0.1060 (3.0030)	0.1180 (3.3520)	0.0001 (0.0020)	0.0001 (0.0040)
SIZE	0.0060 *** (3.0250)	0.0070 *** (3.4340)	0.0180 *** (8.6840)	0.0180 *** (8.7630)
YEAR	控制	控制	控制	控制
IND	控制	控制	控制	控制
观测值	4200	4200	4200	4200
F 值	42.5820	45.5500	25.0510	28.1490
调整 R^2	0.0940	0.0900	0.0490	0.0490

注：*** 、** 和 * 分别表示在 1% 、5% 和 10% 的水平上显著（双尾检验）；括号内的数值表示 T 值。

六、研究结论与政策建议

以 2010～2016 年在上交所与深交所上市的出口企业为样本，笔者从控股股东类型、股权集中度、股权制衡度、机构持股比例和高管持股比例等方面，实证检验了中国出口企业股权结构对企业绩效的影响。经研究表明，国有股东控股与出口企业绩效呈显著负相关关系；出口企业股权集中度、股权制衡度、机构持股比例与企业绩效呈显著正相关关系；而且出口企业股权集中度与企业绩效还呈倒 U 型关系；出口企业高管持股比例对企业绩效的影响则并不显著。

笔者的研究结论为中国出口企业进一步优化股权结构，从而提高企业绩效提供了以下可行性思路：第一，通过吸收非国有经济战略投资者，以及定向协议转让国有股等方式加快国有控股出口企业混合所有制改革步伐，改变国有股"一股独大"的股权特征，加大非国有股东在公司董事会中的话语权，是提高出口企业绩效的紧迫需要，也是全面深化国企改革的战略任务；第二，遭遇反倾销是出口企业经营活动中的最大风险，也是影响出口企业绩效的重要因素，改革国有控股出口企业主要高管人员的任用机制刻不容缓，只有通过充分的市场化途径选聘任用国有控股出口企业主要高管人员，才能有助于企业在参与国际市场的竞争中获得市场经济待遇，从而规避和化解反倾销风险；第三，虽然股权集中型企业有利于提高企业绩效，但这并不意味着股权集中度越高越好，出口企业最佳股权集中度的目标模式应为：与股权制衡相匹配的股权高度集中；第四，鼓励境内外机构中长期持股，以及控股股东之外其他大股东增持公司股份，建立由若干大股东共同控制公司股权的制衡机制，防止"一股独大"而引发的控股股东对公司的掠夺行为；第五，为了让公司高管的利益与股东利益趋于一致，使之在公司经营业绩增长的同时获得相应的回报，在出口企业优化股权结构中应提倡高管适度持股，尤其在股市低迷阶段，为了增强中小投资者的持股信心，抑制公司股价的非理性下跌，降低持股成本，应鼓励公司高管增持本公司股票。当然，对高管持股的激励作用不宜过高估计。

第三节　中国对外反倾销的政策有效性

一、问题的提出

改革开放以来，尤其是加入世界贸易组织后，伴随着中国逐步削减自身关税壁垒，国内市场对外开放程度日益扩大，使得国外产品鱼贯而入，以期占领潜力巨大的中国市场。其中不乏部分国外企业采取倾销这一不正当的市场竞争手段抢占市场份额，给中国国内相关产业造成严重损害。中国是农业大国，也是农药的消费大国。中国每年需要从印度和日本进口大量的农药原材料——吡啶产品，以满足国内市场对农药（百草枯）的需求。据统计，2008~2011 年中国从印度和日本进口的吡啶产品占国内市场份额已经超过了 20%。进口吡啶产品之所以能获得如此之大的市场份额，缘于其平均售价（2.3 万元/吨）远低于同期中国国内同类产品的市场均价（3 万元/吨），即存在倾销行为。毫无疑问，也正是这种倾销行为导致国内吡啶生产企业大多面临亏损、停产、甚至破产的危机，国内吡啶产业遭到前所未有的重创，其生存和发展陷入困境。

按照经典的幼稚工业保护理论，政府应制定积极的产业政策，利用关税或反倾销等手段来保护本国处于萌芽期的产业。基于此，为保护国内吡啶产业健康、稳定的发展，建立国内吡啶产品正常的市场竞争秩序，中国商务部自 2012 年 9 月 21 日起对原产于印度和日本的进口吡啶产品进行反倾销调查，并于 2013 年 5 月 27 日做出初裁：判定原产于印度的进口吡啶产品的倾销幅度为 24.6% 至 57.4%，原产于日本的进口吡啶产品的倾销幅度为 47.9%，并根据《中华人民共和国反倾销条例》的有关规定，采取收缴保证金的形式对上述两国进口的吡啶产品实施临时反倾销措施。同年 11 月 20 日，商务部就中国对印度和日本吡啶产品反倾销案做出终裁：判定原产于印度和日本的进口吡啶产品存在倾销行为，自 2013 年 11 月 21 日起分别对两国的进口吡啶产品征收 24.6%~57.4% 不等的反倾销税。

对外反倾销的目的是保护本国相关产业免受国外进口产品倾销行为的损害，此类救济政策的实施，对于打击不公平竞争行为，适度限制国外产品的进口，改善国内市场的竞争环境，促进国内被救济企业恢复市场份额、提升财务业绩无疑具有重要意义。那么，中国对印度和日本吡啶产品反倾销政策是否达到预期的救济效果呢？为了回答这个问题，笔者拟采用事件研究法中的市场模型（market model），利用沪深股市 9 家吡啶上市公司股票的日报酬率数据，来检验反倾销初裁与终裁对国内吡啶上市公司股价的影响，据此评估该项贸易救济政策的有效性，并探讨该案给企业、投资者、行业协会以及政府所带来的启示，以期为中国在世界贸易规则框架下合理运用反倾销等救济手段提供理论和实证依据。

二、贸易保护政策救济效果相关文献综述

目前，国内外有关贸易保护政策对相关产业影响的文献较为丰富。国外学者主要是运用实证方法来检验贸易保护政策对相关产业的影响。珂兰达尔（Crandall，1981）运用计量模型检验"启动价格机制"这一贸易保护政策对美国钢铁行业的影响，研究结果表明，该机制促使美国国内钢铁的市场价格上涨，并增加了国内就业率。丹祖（Denzau，1985）、门德斯和博格（Mendez and Berg，1989）认为针对美国钢铁行业的贸易保护行为能增加本国钢铁行业的就业率，但会以牺牲钢铁行业的下游产业工人的就业为代价。哈提根等（Hartigan et al.，1986）运用市场模型，以美国非钢铁业的 47 起反倾销案为样本，采用周报酬率数据研究了反倾销裁决对国内相关产业厂商股价的影响，研究表明，美国国际贸易委员会的肯定裁决对本国国内相关产业的厂商股价在总体上具有显著的正面影响，而否定的裁决对厂商股价具有负面影响。费因伯格和卡普兰（Feinberg and Kaplan，1993）运用曼 – 惠特尼秩和检验，验证了只要进口国企业提出"双反"申诉，即使"双反"诉讼不成立，也会对相关产品的进口产生抑制作用。兰威等（Lenway et al.，1990）通过研究美国 1969～1982 年 6 起重要的钢铁贸易保护事件，检验出受钢铁行业贸易保护政策的影响，受保护的钢铁企业的股票价格普遍上升。卡特尔和甘宁特朗特（Carter and Gunning-Trant，2007）通过研究美国 1980～2005 年的农产品反倾销与反补贴的案例，发现仅仅发起"双反"调查但得到否定的裁决不会对农产品的进口产生影响，肯定的裁决可以至少保护美国相关的农产品行业 3 年以内免受倾销的损害，进而得出结论："双反"措施可以有效地保护美国农产品行业。尼莎等（Nisha et al.，2008）使用 1990～2002 年美国对外农产品反倾销案例，实证检验了反倾销措施的救济效果，研究结论表明，反倾销措施会限制进口，并有效地保护美国农产品生产商的利益。

国内的学者也就贸易保护政策的救济效果做了比较深入的研究。耿伟（2001）认为，中国在开放经济的进程中，实施适度的保护是十分必要的，规模经济和就业水平是需要较大的经济体量来维系的，否则，激烈的国际竞争会对国内的产业产生较为严重的冲击和伤害。就农产品来说，不加以适当的保护，任由国外的农产品在我国市场上销售，会造成"谷贱伤农"，从而

影响农业的基础地位，导致大量的农村人口流向城市，动摇社会稳定的基础，进而产生一系列不可控因素。朱钟棣和鲍晓华（2004，2007）验证了中国的反倾销措施具有"贸易限制效应"，既可以保护国内受损害产业的利益，也会损害下游产业和消费者的利益。陈红蕾和吉缅周（2005）以2003年的中国合成橡胶行业为例，分析中国对合成橡胶行业实施贸易限制政策所带来的影响，结果表明，贸易限制政策仅能小幅的增加国民福利，却可以大幅度的增加相关行业的厂商利润及政府收入。苏振东和邵莹（2013）选取2006年中国对韩国、日本、新加坡等国家或地区发起的化工产品"双酚A"反倾销典型案件，采用倾向评分匹配方法定量考察对外反倾销对中国受保护企业的实际救济效果，研究结果表明，中国对外反倾销措施显著提升了企业劳动生产率、工业企业成本、利润率和资产负债率，并由此验证了对外反倾销措施显著改善"双酚A"行业中受保护企业绩效的结论。杨培强和张兴泉（2014）则运用美国企业层面的面板数据探讨了中美贸易摩擦发生的动因，以及发起反倾销所产生的经济后果。

从上述已有的研究文献中不难看出，国外对贸易保护政策救济效果的研究起步早、视角宽，且方法多样，并已取得较为丰富的成果。相对而言，国内在这方面的研究尚属于起步阶段，学者们多是基于后反倾销时期有关行业经济数据来评估贸易保护政策对国内相关产业的影响，鲜有以贸易保护政策发布之际证券市场股价变动的视角来研判该项政策的预期效果。鉴于此，笔者拟采用已有的市场模型，结合中国证券市场的有关数据，实证检验中国对印度和日本吡啶产品反倾销政策的救济效果。

三、研究设计

（一）模型设定

"股市是经济的晴雨表，能够提前反映宏观经济的运行态势"。这句至理名言与有效市场假说的解释基本上是一致的，即股票价格反映了投资者对所持有公司股票未来收益的预期。政策作用于经济往往是通过企业收益的变动表现出来，而企业收益的变动又大都会提前传导至公司的股价上。如果某项政策会对上市公司未来收益产生影响，那么这种影响就会提前在该公司的股价中反映出来。如果该项政策的发布具有突发性，即消息再灵通的投资者也无法"先知先觉"，那么公司股价在消息公布之日的大幅波动就不可避免。因此，无论投资者是否提前知道某项贸易争端的裁定结果，研究公司股价在消息公布日前后的变动是可以判断出该项贸易救济政策对公司未来收益所产生的影响。

中国的吡啶企业规模小而分散。面对印度和日本吡啶产品的倾销行为，不堪重压的国内少数吡啶企业不得不奋起反击，以南京红太阳生物化学有限公司为首的4家企业于2012年9月21日提出反倾销调查申请，并最终取得了较为有利的反倾销裁决结果。笔者借鉴兰威等（Lenway et al.，1990）提出的方法，采用事件研究法中的市场模型来检验中国对印度和日本吡啶产品反倾销初裁与终裁对国内"红太阳"等9家吡啶概念股①价格的影响，并据以评估该贸易救济政策的经济效果。研究中，以2013年5月27日反倾销初裁结果公布日为第一事件日，以2013年11月20日反倾销终裁结果公布日为第二事件日。

为建立研究模型，令 R_{it} 表示样本期间 t 时期内公司股票的日报酬率，$R_{m,t}$ 表示在 t 时期内市场指数回报率，下标 i 代表第 i 公司，α 代表参数，$\varepsilon_{i,t}$ 和 $\mu_{i,t}$ 代表随机误差项。为检验反倾销初裁和终裁事件对上市公司股票价格的影响，引入虚拟变量 D_{1t} 和 D_{2t}，$D_{1t}=1$ 或 $D_{2t}=1$ 表示事件发生，否则取0。于是建立以下模型：

$$R_{i,1t}=\alpha_0+\alpha_1 R_{m,1t}+\alpha_2 R_{m,1t}\times D_{1t}+\alpha_3 D_{1t}+\varepsilon_{i,1t} \tag{4-3}$$

$$R_{i,2t}=C+\beta_1 R_{m,2t}+\beta_2 R_{m,2t}\times D_{2t}+\beta_3 D_{2t}+\mu_{i,2t} \tag{4-4}$$

模型中各变量及其说明如表4-12所示。

表4-12　　　　　　　　　　模型变量及其说明

变量	变量说明
$R_{i,t}$	t 时期 i 公司股票的日报酬率，即考虑现金红利再投资的日个股回报率
$R_{m,t}$	t 时期沪市综合指数或深市成分股指数回报率

① 为阐述问题的方便，文中对吡啶上市公司有时亦沿用股市中的习惯称谓："吡啶概念股"。

变量	变量说明
D_{1t}	令反倾销初裁日加前 1 天与初裁日后 4 天为 1，其余时间为 0，即 $D_{1t}=1$ 表示事件发生，$D_{1t}=0$ 表示事件未发生
D_{2t}	令反倾销终裁日加前 1 天与终裁日后 4 天为 1，其余时间为 0，即 $D_{2t}=1$ 表示事件发生，$D_{2t}=0$ 表示事件未发生

（二）研究样本与数据来源

沪深两市共有 9 家吡啶概念股，公司简称、证券代码、个股日报酬率以及指数回报率均取自国泰安 CSMAR 数据库。本部分研究中有关反倾销初裁事件的样本期间 t 为 2013 年 1 月 4 日至 2013 年 10 月 18 日，共 186 个交易日。估计窗为 2013 年 1 月 4 日至 2013 年 5 月 23 日，共 90 个交易日。事件窗为 [−1，4]，共 6 天，即事件发生日前 1 天到事件发生后 4 天。事件窗后的样本期间为 2013 年 6 月 3 日至 2013 年 10 月 18 日，共 90 个交易日。本部分研究中有关反倾销终裁事件的样本期间 t 为 2013 年 7 月 5 日至 2014 年 4 月 10 日，共 186 个交易日。估计窗为 2013 年 7 月 5 日至 2013 年 11 月 18 日，共 90 个交易日。事件窗为 [−1，4]，共 6 天，即事件发生日前 1 天到事件发生后 4 天。事件窗后的样本期间为 2013 年 11 月 27 日至 2014 年 4 月 10 日，共 90 个交易日。

四、实证检验

（一）变量的描述性统计

变量的描述性统计如表 4 − 13 所示。

表 4 − 13 的描述性统计结果显示：其一，在模型（1）的样本期间内，样本公司的个股日报酬率均值为 0.0028，最小值为 − 0.1002，最大值为 0.1009，标准差为 0.0310，说明在样本期间内各公司的股价大多处于上升通道中。而同期股票市场指数回报率的平均值为 − 0.0002，最小值为 − 0.0673，最大值为 0.0425，标准差为 0.0138，表明沪综指与深成指在多数交易日内处

于下降的走势。其二，在模型（2）的样本期间内，样本公司的个股日报酬率平均值为 0.0010，极小值为 - 0.0983，极大值为 0.1009，标准差为 0.0266，说明在样本期间内各公司的股价大多处于上升态势。同期股票市场指数回报率的平均值为 0.0001，极小值为 - 0.0316，极大值为 0.0425，标准差为 0.0123，表明沪综指与深成指在多数交易日内处于下跌的态势。

表 4 - 13   变量的描述性统计（$N = 1674$）

变量	最小值	最大值	均值	标准差
$R_{i,1t}$	- 0.1002	0.1009	0.0028	0.0310
$R_{m,1t}$	- 0.0673	0.0425	- 0.0002	0.0138
D_{1t}	0	1	0.0300	0.1770
$R_{m,1t} \times D_{1t}$	0	0	0.0000	0.0020
$R_{i,2t}$	- 0.0983	0.1009	0.0010	0.0266
$R_{m,2t}$	- 0.0316	0.0425	0.0001	0.0123
D_{2t}	0	1	0.0300	0.1770
$R_{m,2t} \times D_{2t}$	0	0	0.0000	0.0010

（二）回归分析

1. 全样本检验

为检验反倾销初裁与终裁事件对吡啶行业的影响，笔者将 9 家受反倾销初裁结果影响的吡啶概念股的数据全部加入模型（4 - 3）和模型（4 - 4）中进行回归。模型（4 - 3）与模型（4 - 4）的全样本回归结果如表 4 - 14、表 4 - 15 所示。通过全样本回归分析可以观察到吡啶行业对反倾销初裁与终裁事件的反应，并以此来观测吡啶行业上市公司股价变动的一个总体趋势。

表 4 - 14 的回归分析结果显示：第一，吡啶行业日报酬率与市场指数回报率在 1% 水平上显著正相关，估计系数为 0.8850；第二，吡啶行业日报酬率与反倾销初裁日的虚拟变量 D_{1t} 在 1% 水平上显著正相关，估计系数为 0.0120。换言之，在反倾销初裁日的事件窗口内，吡啶行业的日报酬率受到反倾销初裁结果的影响较大，大多数吡啶概念股的股价上涨。

表 4 - 14   反倾销初裁事件的全样本回归分析 ($N = 1674$)

变量	非标准化系数		标准系数			共线性统计量	
	估计系数	标准误差	试用版	T 值	显著性	容差	VIF
α_0	0.0030	0.0010		3.5830	0.0000 ***		
$R_{m,1t}$	0.8850	0.0510	0.3950	17.4790	0.0000 ***	0.9870	1.0130
$R_{m,1t} \times D_{1t}$	− 0.2200	0.4500	− 0.0110	− 0.4880	0.6260	0.9800	1.0210
D_{1t}	0.0120	0.0040	0.0680	3.0210	0.0030 ***	0.9920	1.0080
R	0.4000						
R^2	0.1600						
调整 R^2	0.1580						
DW 值	1.9660						

注：因变量为 R_{i1t}。

表 4 - 15   反倾销终裁事件的全样本回归分析 ($N = 1674$)

变量	非标准化系数		标准系数			共线性统计量	
	估计系数	标准误差	试用版	T 值	显著性	容差	VIF
C	0.0010	0.0010		0.8780	0.3800		
$R_{m,2t}$	0.9540	0.0480	0.4390	19.962	0.0000 ***	0.9950	1.0050
$R_{m,2t} \times D_{2t}$	− 0.4380	0.7780	− 0.0140	− 0.5640	0.5730	0.7860	1.2720
D_{2t}	0.0100	0.0040	0.0660	2.6770	0.0080 ***	0.7890	1.2680
R	0.4420						
R^2	0.1950						
调整 R^2	0.1940						
DW 值	2.1160						

注：因变量为 R_{i2t}。

表 4 - 15 的回归分析结果显示：第一，吡啶行业日报酬率与市场指数回报率在 1% 水平上显著正相关，估计系数为 0.9540；第二，吡啶行业日报酬率与反倾销终裁日的虚拟变量 D_{2t} 在 1% 水平上显著正相关，估计系数为 0.0100。换言之，在反倾销终裁日的事件窗口内，吡啶行业的日报酬率受到

反倾销终裁结果的影响，大多数吡啶概念股的股价上涨。

2. 个股检验

为检验反倾销初裁、反倾销终裁事件对每一家吡啶概念股股价的影响，笔者将所研究的9家吡啶上市公司数据逐一代入模型（4-3）、模型（4-4）中进行回归。模型（4-3）与模型（4-4）的个股回归结果如表4-16、表4-17所示。这样做是因为各只股票对事件的反应可能不同，但之前得出的平均市场反应的结果不一定能代表每只股票对事件的反应。因此，可以通过个股检验来验证各只股票对事件的反应是否与全行业对事件的反应相同。

表 4-16 反倾销初裁事件的个股回归分析 （$N = 186$）

公司简称及 证券代码	α_0	$R_{m,t}$	$R_{m,t} \times D_{1t}$	D_{1t}	R^2	DW 值
红太阳 （000525）	0.0020 （1.2350）	1.0730 *** （8.7290）	− 0.6810 （− 0.6670）	0.0040 （0.3670）	0.2960	2.1590
沙隆达 A （000553）	0.0050 ** （2.2750）	0.8150 *** （5.6780）	− 1.3070 （− 1.0960）	0.0030 （0.2310）	0.1510	2.0910
江山化工 （002061）	0.0010 （0.4570）	0.9000 *** （6.7260）	− 0.5790 （− 0.5200）	0.0050 （0.4810）	0.2000	1.9180
长青股份 （002391）	0.0020 （1.1480）	0.7660 *** （6.5340）	− 0.9940 （− 1.0200）	0.0010 （0.0810）	0.1900	2.0250
九九久 （002411）	0.0010 （0.6460）	0.9480 *** （7.1110）	0.6090 （0.5490）	0.0120 （1.0640）	0.2280	2.0730
江山股份 （600389）	0.0050 * （1.6810）	0.5480 ** （2.2970）	2.6380 （1.0230）	0.0310 * （1.8110）	0.0610	1.9130
扬农化工 （600486）	0.0020 （1.0690）	0.7780 *** （4.0660）	− 0.6390 （− 0.3090）	0.0210 （1.5600）	0.0960	1.9380
新安股份 （600596）	0.0030 （1.1130）	1.0380 *** （5.2880）	0.3140 （0.1480）	0.0220 （1.5740）	0.1490	1.9070
钱江生化 （600796）	0.0010 （1.0440）	1.0550 *** （11.4980）	− 0.1320 （− 0.1340）	0.0030 （0.5360）	0.4240	1.8670

注：***、** 和 * 分别表示在1%、5%和10%的水平上显著（双尾检验）；括号内的数值表示T值。

表 4 – 17　　　　　　　反倾销终裁事件的个股回归分析（$N = 186$）

公司简称及证券代码	C	$R_{m,t}$	$R_{m,t} \times D_{2t}$	D_{2t}	R^2	DW 值
红太阳 （000525）	0.0001 （0.0380）	1.0260 *** （9.0610）	2.8050 （1.4590）	0.0200 * （1.9280）	0.3230	2.1050
沙隆达 A （000553）	0.0020 （1.2910）	0.8020 *** （6.6700）	− 1.5530 （− 0.7600）	0.0130 （1.1500）	0.2060	2.0330
江山化工 （002061）	− 0.0001 （− 0.0430）	0.8070 *** （6.4330）	− 2.8760 （− 1.3500）	0.0070 （0.6180）	0.1960	2.1190
长青股份 （002391）	0.0010 （0.4830）	0.8120 *** （6.8110）	− 0.0650 （− 0.0320）	0.0100 （0.9380）	0.2060	2.1550
九九久 （002411）	0.0020 （0.8820）	0.9930 *** （6.4100）	2.6420 （1.0050）	0.0170 （1.1840）	0.1920	2.1870
江山股份 （600389）	0.0000 （0.1750）	0.9310 *** （4.6390）	− 2.7430 （− 0.8340）	0.0000 （− 0.0310）	0.1070	2.0550
扬农化工 （600486）	0.0000 （− 0.4480）	1.1820 *** （6.7680）	− 0.4150 （− 0.1450）	0.0080 （0.6940）	0.2030	2.1220
新安股份 （600596）	0.0001 （0.0240）	1.1800 *** （6.1660）	− 3.7480 （− 1.1940）	0.0080 （0.7120）	0.1790	2.0230
钱江生化 （600796）	0.0000 （0.0920）	1.0680 *** （9.8450）	2.0650 （1.1610）	0.0130 * （1.9130）	0.3590	2.2410

注：*** 、** 和 * 分别表示在 1% 、5% 和 10% 的水平上显著（双尾检验）；括号内的数值表示 T 值。

（1）对反倾销初裁日期间个股股价波动与回归分析的说明。

第一，个股股价波动。从个股在反倾销初裁日期间的股价波动中可以看出，笔者所选国内 9 家吡啶上市公司都不同程度上受到了反倾销初裁结果的影响，7 只股票的价格有所上涨：涨幅最大的是"江山股份"，其涨幅达到了 26.68% ，涨幅最小的是"钱江生化"，其涨幅仅有 0.88% ；2 只股票的价格有小幅的下挫："长青股份"的跌幅为 1.28% ，"江山化工"的跌幅为 1.41% 。

第二，市场指数回报率对个股日报酬率的影响。吡啶行业上市公司的日报酬率与市场指数回报率在 1% 水平上显著正相关，即股市大盘波动对各家吡啶上市公司的日报酬率均有强烈的影响。沪综指或深成指每变动一个百分点，各家公司股票日报酬率都会有较大幅度的变化。变动最大的是"红太阳"，幅度为 1.07%，变动最小的是"江山股份"，幅度为 0.55%。

第三，反倾销初裁事件对个股的日报酬率影响。从全样本回归分析中不难看出，反倾销初裁事件对吡啶概念股大都产生了正面的影响。但由于在该事件期内，沪综指处于一种小幅上扬的态势，其涨幅为 0.5%，而深成指小幅下挫，其跌幅为 0.5%。因此，9 只吡啶概念股中只有"江山股份"通过了 10% 的显著性检验；而大部分吡啶上市公司股价变动幅度不大，属于随波逐流，在个股的回归模型中的回归参数不显著也不足为奇。

（2）对反倾销终裁日期间个股股价波动与回归分析的说明。

第一，个股股价波动。从个股在反倾销终裁日期间的股价波动中可以看出，笔者所选国内 9 家吡啶上市公司都不同程度上受到了反倾销终裁结果的影响，8 只股票的价格都有所上涨，其中"江山化工"的涨幅最大，达到了 6.74%，"钱江生化"的涨幅最小，也达到了 2.43%；仅有"江山股份"的股价有 0.35% 的小幅下挫。

第二，市场指数回报率对个股日报酬率的影响。吡啶行业上市公司的日报酬率与市场指数回报率在 1% 水平上显著正相关，即股市大盘波动对各家吡啶公司的日报酬率均有强烈的影响。沪综指或深成指每变动一个百分点，各只股票日报酬率都会有一定幅度的变化。其中变动最大的是"扬农化工"，幅度为 1.18%，变动最小的是"沙隆达 A"，幅度为 0.8%。

第三，反倾销终裁事件对个股的日报酬率影响。从全样本回归分析中不难看出，反倾销终裁事件对吡啶概念股大都产生了正面的影响。但由于在该事件期内，无论是沪综指还是深成指都处于一种小幅下挫的态势，跌幅分别为 0.46% 和 1.13%，因此，9 只吡啶概念股中只有"红太阳"和"钱江生化"通过了 10% 的显著性检验；大部分吡啶上市公司股价变动属于随大势而动，在个股的回归模型中的回归参数不显著也是情理之中。

五、研究结论与启示

（一）研究结论

笔者通过事件研究法实证分析了中国对印度和日本吡啶产品反倾销初裁与终裁事件的市场效应。研究结果表明：吡啶行业日报酬率与反倾销初裁及终裁的虚拟变量均在1%水平上显著正相关，即该反倾销初裁与终裁事件对吡啶行业的日报酬率影响较大，吡啶概念股的股价整体上处于上涨态势，但个股的日报酬率受反倾销裁决的影响不够显著。对此笔者认为，在中国对印日吡啶产品反倾销政策发布日期间，正值沪深股市主板市场低迷期，在此背景下，吡啶概念股整体的不俗表现，折射出投资者对该项政策针对行业的救济效果持肯定态度；而同期板块中个股表现存在差异，甚至反差较大，表明受企业基本面因素影响，行业内每个企业对该政策利好的受益程度将不尽相同，加之吡啶概念股的质地又是良莠不齐，二级市场投资者基于理性的分析而做出相应的投资取舍，也是中国证券市场日渐成熟的标志。

（二）启示

1. 企业应充分认识反倾销的战略意义

尽管中国对印度和日本吡啶产品的反倾销以中方胜诉而告终，但我们也不能不看到，国内从事吡啶生产的企业很多，但本案中仅有4家企业向商务部提交了反倾销调查的申请。这表明面对国外产品的倾销行为，"中枪"的国内企业中有的处于麻木不仁状态，未能意识到主动发起反倾销所带来的潜在收益；有的表现为束手无策，不会使用反倾销武器来保护自身利益；有的存在着"搭便车"心理，对主动发起反倾销申诉的态度不够积极。事实上，也正是国内企业对国外产品倾销行为的不作为，导致了中国每年主动发起的反倾销调查案件数占全球反倾销调查案件总数的比重一直很低。众所周知，中国是贸易大国，受到反倾销调查次数较多。在国际贸易中，反倾销调查通常也是应对国外反倾销的贸易报复手段。从这个意义上来说，中国出口产品在国际市场上频繁遭遇反倾销，与国内企业对进口产品的倾销行为缺少反倾销调查的积极性和主动性不无关系。因此，笔者认为，企业应充分认识反倾销的战略意义，既要看到反倾销给企业本身所带来的利益，也要意识到反倾销是事关国家经济发展的大计，只有企业把主动提出反倾销调查申请当作一项义不容辞的社会责任，中国与世界贸易强国的距离才会大大缩短。

2. 投资者应适当持有反倾销等贸易救济政策受益公司股票

中国对印度和日本吡啶产品反倾销案的胜诉，使得印度和日本进口吡啶产品要么因被征收反倾销税而提高价格，要么退出中国市场，国内吡啶产品的市场价格会因此而逐步走强。这对于改善国内吡啶企业的经营环境，提升企业财务业绩，以及推动吡啶产业的发展将会起到至关重要的作用。"买股票就是买未来"，成熟股市中的股票价格是公司未来发展的预期写照。在中国对印度和日本吡啶产品反倾销裁决消息公布日期间，二级市场投资者对该项贸易救济政策所惠及的吡啶概念股予以高度关注是基于公司成长性的考虑，也是投资者的投资行为趋于理性的标志。然而，我们也应看到，影响企业发展的因素有很多，各项贸易救济政策只能解决企业发展中的外部环境方面的制约因素，改变不了企业成长的根本动因——核心竞争力，所以当反倾销等贸易救济政策利好消息明朗化之际，在充分估计股市系统性风险的前提下，基于公司基本面情况，选择政策受益公司股票中的龙头品种予以逢低吸纳，并中长期持有，才能最大限度分享反倾销等贸易救济政策的"红利"。

3. 行业协会应成为对外反倾销的"先锋官"

中国对印度和日本进口吡啶产品反倾销一案，是由南京红太阳生物化学公司等4家企业联合发起，有关农药行业协会却未起到应有的组织和协调作用。在发达国家中，行业协会普遍都能起到组织和协调同类产品的生产企业发起反倾销诉讼的作用，并成为各国主动发起反倾销的"先锋官"。笔者认为，在当前的国际贸易争端中，不宜过多依赖企业担当诉求主体，中国有关行业协会应借鉴发达国家行业协会的成功经验，积极参与反倾销等贸易救济活动，发挥自身在人力、资金和信息方面的优势，切实维护行业内企业的利益。行业协会对国内外有关产品的生产和销售情况都比较熟悉，能把各自为战的众多企业形成"抱团取暖"之势，所以，各协会组织应在平时注意监控并收集进口产品在我国市场的销售价格以及成本或结构价格等信息，并在进口产品存在倾销行为时，组织和协调有关企业搜集国外企业存在倾销以及由此对国内产业造成损害等证据，并代表相关企业向商务部递交反倾销调查申请。由行业协会"出头"代表企业打反倾销等国际贸易争端官司，有助于克服企业不作为的消极态度，也能为企业节省人力、财力，更有利于集中行业内的优势资源，是中国当前乃至今后相当长时期内，赢得对外反倾销等国际官司胜诉的重要条件。

4. 政府强有力的支持是企业赢得反倾销等国际贸易争端官司的关键

在中国对印度和日本吡啶产品反倾销案中，商务部积极支持原告方依据有关法律，切实维护企业自身的合法权益，并在接受反倾销调查申请后，快速立案展开调查取证，后经各方的通力合作，在一年内做出肯定性终裁，有力地打击了国内吡啶市场的不正当竞争行为，保护了中国吡啶产业的发展。由此不难看出，对外反倾销等贸易救济措施既是市场行为，也是政治手段，其实质是国与国之间的博弈。换言之，企业能否赢得对外反倾销等国际官司除了取决于中国在国际社会上的地位和作用之外，很大程度上受到政府有关部门的态度和外交智慧所左右。因此，进一步强化政府为经济发展保驾护航的服务意识，不断完善政府职能，提高政府有关部门的办事效率，是全面深化改革的一项重要内容，也是保证各项贸易救济政策科学、有效的基础。

第四节　我国成本会计发展的回顾与前瞻

一、问题的提出

2014 年元月，告别了原成本会计制度体系，企业成本核算制度开始试行，新制度的颁布并试行标志着我国成本会计的发展已开启新的篇章。纵观新中国成立后我国成本会计的发展历程，不难看出，无论是《国营企业成本管理条例》《国营工业企业成本核算办法》、还是企业会计制度与企业会计准则都起到了相当重要的承前启后的作用。但是，我们也不能不看到我国原成本会计制度体系中存在的问题：一方面，20 世纪 80 年代颁布的《国营企业成本管理条例》《国营工业企业成本核算办法》已经不能满足企业成本核算实务的需要；另一方面，随着机械自动化程度的提高，制造费用在企业所生产产品的生产成本中所占的比重日益增大，但制造费用仅仅是采用人工工时数、产品产量等过于简单的分配标准在不同产品之间进行分配，这就直接导致了产品成本的计算结果不够准确，也不能够真实的反映产品价值。另外，现行会计准则与会计制度又不能完全代替企业成本核算规范。这是因为：从侧重点来看，依据会计准则和会计制度所披露的财务报告侧重于对外反映企业的财务状况和经营成果，不能为企业内部管理提供有效的信息；从职能上来看，会计准则和会计制度规范的只是财务报告中所需的成本信息，该信息不足以为经营以及管理决策提供有力的支持；从制度建设角度来看，随着我国在 2001 年加入世界贸易组织以后，有越来越多的企业开始走向国际市场，所以我国需要制定符合企业发展需要的、与国际惯例相趋同的成本会计制度，并以此规范企业成本核算行为。基于此，我国财政部于 2013 年 8 月颁布了企业成本核算制度，并宣布该制度在 2014 年年初试行。

"以史为鉴，可知兴替"，因此有必要回顾新中国成立以后我国成本会计在制度、实务、理论方面的发展历程，并对其未来潜在的发展方向进行展望。

二、我国成本会计历史演进的回顾

自新中国成立以来，我国的经济制度演进历经了三个时期：计划经济时期（1949 ~ 1978 年）、有计划的商品经济时期（1979 ~ 1991 年）以及社会主义市场经济时期（1992 年以来）。同样，我国企业的成本会计在制度、实务、理论方面的发展也相应经历了三个时期：即改革开放前计划经济体制下的成本会计、有计划的商品经济时期的成本会计和社会主义市场经济时期的成本会计。

（一）改革开放前计划经济体制下的成本会计（1949 年 10 月 ~ 1978 年 11 月）

可以说，我国开始实行计划经济体制的时间段是从 1949 年 10 月中华人民共和国成立，到 1978 年 12 月中共十一届三中全会召开前。在计划经济体制下，企业经营管理的决策权集中在国家手中，企业的目标就是服从于国家的计划管理，并追求产值最大化。行政手段是最基本的经济管理方法。经济计划主要是通过行政指令和实物调拨来实现，市场调节的作用微乎其微，分配上实行统收统支，国家统负盈亏。这一时期的我国成本会计也不可避免地被打上计划经济的"烙印"。

1. 成本会计制度建设

1950 年 7 月,《中央重工业部所属企业及经济机构统一会计制度》颁布并开始实施,这是新中国颁布的第一部统一的会计制度,可以说,该制度的颁布为开展我国企业成本会计工作和中央重工业部所属企业核算工作奠定了基础。随后,在 1952 年 1 月,国务院财经委发布了《国营企业决算报告编送暂行办法》,在暂行办法中财经委要求报送上级主管部门的报表不仅应包含财务报表还应包括成本计算表。尽管这一要求在现在看来会令人费解,但如果结合当时的制度背景就不难理解:由于在计划经济体制下,国营企业的会计报表仅供上级主管部门使用,不向社会公众公开,所以在如今需要被当作商业机密的产品成本资料在当时就不存在保密的问题。为了统一与规范国营工业企业的成本计算方法,1953 年 1 月财政部发布了《国营工业企业统一成本计算规程》,该规程中对成本报表的种类,如何设置成本科目及成本费用明细账,成本计算的程序,如何分配与结转成本等问题进行了规定。为了考核国营企业是否按要求完成国家下达的任务,1955 年 10 月国家计委、统计局、财政部发布了《关于工业生产成本计划考核的几项规定》,规定中把国家对各部考核的指标定为全部产品实际成本较计划成本的降低率,以及可比产品成本较上年度降低率是否达到国家计划降低率。

受"大跃进"时期的"大力简化、力求通俗"等错误思想的影响,从 1958 年开始我国国营企业成本会计工作陷入了无序和混乱中。先是主管部门决定仅保留《国营企业决算报告编送办法》,随后废止了《国营工业企业统一成本计算规程》等 6 项规章和制度。由于当时国营企业成本会计工作处于混乱的局面,财政部在 1959 年先后发布了《关于加强成本计划管理工作的几项规定》《关于国营工业企业生产费用要素、产品成本项目和成本核算的几项规定》,并总结了 1958 年我国国营企业成本会计工作发展不利的原因。具体的原因包括:相关的规章制度破多立少、生产要素和产品成本项目划分过于粗略等。

为进一步加强国营企业及上级主管部门对企业成本计划、核算的管理,财政部、国务院等从 1961 ~ 1965 年先后发布了《关于加强国营企业成本管理工作的联合规定》《关于试行国营企业会计核算工作规程(草案)的通知》《财政部关于中央国营企业财政驻厂员的暂行规定》《企业会计工作改革纲要》。这些制度不但要求国营企业要认真编制成本计划,而且要求国营企业必须严格遵守会计制度中的规定，根据有关成本开支范围和费用划分的规定来计算成本，并按月、季、年来计算各种产品、工程的实际成本，为建立和健全成本核算的原始记录提供制度上的保障，还要求改革成本核算办法，通过实行财政驻厂员制度来加强对企业财政的监督，促使企业贯彻落实各项财经规章制度，并完善企业的成本管理体系。

但在"文化大革命"期间，会计制度被当作资产阶级的"管、卡、压"而受到较大的冲击，国营企业的成本会计工作也难以幸免。之后，我国企业成本会计工作终于在 1973 年 5 月出现了转机，财政部发布了《国营工业交通企业若干费用开支办法》以及《关于加强国营工交企业成本管理的若干规定》，要求国营企业严格执行国家规定的成本开支范围和费用开支标准，按规定编制成本计划、计算成本、加强定额管理。为进一步加强对产品成本的管理，同年 12 月财政部又发布了《国营工业企业成本核算办法》，对产品成本核算对象、产品成本计算方法、成本计划的考核与分析等都作了相应的规定。

2. 成本会计实务发展

在新中国成立初期，我国的生产力水平偏低，产品供不应求。在管理上，我国则是照搬苏联 20 世纪 50 年代僵化的计划经济管理体制，对整个国民经济实行集权式管理，企业管理仅局限于对生产领域，是一种典型的执行性管理，企业不需要研究市场的需求，以及考虑商品流通领域的问题。在这种条件下，我国企业通过借鉴苏联企业的经验，结合我国实际情况，采取了许多措施来为提高企业生产力和生产效率服务，形成了我国自己的执行性成本会计。其中，在成本计划阶段的项目测算法，可以使信息的使用者清楚地看到成本计划降低额中哪些是在上年末已经实现的，哪些是计划年度实现的节约额；在成本控制方面的定额核算法，对于能有效地控制损失的发生、降低成本、提高经济效益发挥了积极的作用；在成本计算方面，国营企业创造了定额比例法以及约当产量法，简化了完工产品和在产品之间的成本分配问题；在成本分析方面，通过确立"比、学、赶、帮、超"和"与同行业先进水平比"等思想，企业把从本期实际指标与计划指标、本期指标与上期指标相比，发展到同行业成本指标的对比分析；与此同时，国营企业创造的班组核算制度堪称具有中国特色的责任会计，解决了西方责任会计难以解决的问题。从上述分析中我们不难看到，这一时期我国企业的成本会计实行的是事前计划、事中控制和事后分析相结合的方针，比以泰罗的科学管理学说为基础形成的会计信息系统，内容更加全面、丰富，方法上也更多样化。

毋庸置疑，以上这些经验和方法对加强成本管理、提高经济效益起到了巨大的推动作用。但这一时期成本管理在诸多方面存在严重的弊端。主要表现在，只限于对产品生产过程的成本进行计划、核算和分析，没有拓展到技术领域和流通领域；在管理体系上，偏重于事后管理，忽视了事前的预测和决策，难以充分发挥成本管理的预防性作用；在成本责任方面，存在着"大锅饭"，没有形成一套责任预算、责任核算和责任分析的管理体系，也没有与厂内经济责任制度密切结合。

3. 成本会计理论研究

在新中国成立后的 30 年里，与现阶段的实证研究不同，我国的成本会计理论研究比较侧重于应用规范研究对成本核算、成本分析方面进行探索。比较有代表性的观点包括：葛家澍（1957）对折旧的计提及分摊提出了自己的看法，认为工业企业中的固定资产应按期计提折旧，生产车间所发生的折旧额应计入产品成本中；余绪缨（1959）指出应根据人民公社的经济特点来计算商品成本，即人民公社农产品生产成本应包括生产过程中全部的物化劳动耗费和全部的工资与生活供给费；同时，葛家澍（1959）也认为人民公社社员劳动报酬，不论属于本人的或家属的，只要支出了，都应列入成本，以正确反映农业生产上的实际耗费；阎达五（1964）指出了提高成本核算质量的重要现实意义，即可以在经济工作中反映和监督生产耗费，考核经营成果，促使企业厉行节约、降低成本及增加利润；杨纪琬（1963）则对上级主管部门如何阅读成本报表，以及如何考核企业成本计划执行情况做出了详尽的说明。

由于受"一边倒"学苏联和极左思潮的影响，我国在这一时期的成本会计理论研究成果寥寥无几。尤其是遭到"大跃进"及"文化大革命"的干扰，我国的会计类学术活动无法正常开展，有关会计类杂志停刊，高等院校财经类专业大都停止招生，成本会计的理论研究陷入了停滞状态，致使这一时期的成本会计理论研究相对滞后于成本会计实务。

（二）有计划的商品经济时期的成本会计（1978 年 12 月～1992 年 10 月）

1978 年 12 月召开的中共十一届三中全会，提出了将党的工作重心转移到经济建设和经济体制改革上来，国家经济建设的重点也转移到提高企业经济效益方面，从此开创了改革开放和集中力量进行社会主义现代化建设的历史时期。随后，在 1984 年 10 月召开的中共十二届三中全会上通过了《中共中央关于经济体制改革的决定》，明确了进一步贯彻执行对内搞活经济、对外实行开放的方针，并提出了以城市为重点加快整个经济体制改革的步伐，以利于更好地开创社会主义现代化建设的新局面。应该说，这一时期的我国成本会计，"沐浴"着改革开放的春风，呈现出良好的发展态势。

1. 成本会计制度建设

1984 年以前，我国没有形成完整的有关成本会计的法规，而是通过国家制定的应计入企业成本的费用项目和若干费用划分的规定来体现。1984 年 3 月，国务院发布的《国营企业成本管理条例》结束了这一历史，使我国企业的成本会计工作进入了一个有章可循、趋于规范化的历史时期。该条例对成本开支范围、成本核算、成本管理责任制，以及对成本管理工作进行监督与制裁等问题做了明确的规定，并规定企业使用完全成本法来核算产品成本，即产品成本包括原材料、燃料及动力、工资及福利费、车间经费、企业管理费等 5 项内容。应该说，《国营企业成本管理条例》是对 1984 年以前企业成本管理法规制度的系统总结，在我国成本管理发展史上起着举足轻重的作用。继该条例颁布之后，为有利于各行业具体贯彻并执行成本管理条例，同年的 4 月起，财政部又先后发布了《国营工业、交通运输企业成本管理实施细则》和《国营商业、外贸企业成本管理实施细则》等包括工业、交通运输业、商业、金融业在内的行业性成本管理实施细则。

1986 年 7 月，国务院颁布《关于加强工业企业管理若干问题的决定》，在决定中要求企业加强对企业财务工作的管理，搞好经济核算，认真贯彻会计法和成本管理条例，严格遵守财经纪律，执行财经制度；有条件的企业，还应当学会并运用价值工程等现代化管理方法，从产品设计、生产工艺、供应销售等每一个环节上节支增收；以提高产品质量、降低物质消耗为重点，进一步完善和发展企业内部经济责任制体系。

1986 年 12 月，财政部发布的《国营工业企业成本核算办法》，增强了成本核算的可操作性，对成本核算实务也更加有帮助。核算办法中对成本核算的任务和要求、成本核算对象和成本项目、生产费用的归集和分配、在产品成本和产成品成本、产品的销售成本、成本核算的组织等内容作了详细规定。同年，财政部与有关行业主管部门联合制定发布了《交通运输企业成本费用管理核算办法》《铁路运输企业成本费用管理核算规程》等一系列分行业的企业成本核算办法，进一步充实并丰富了我国企业成本核算制度体系。这些成本核算制度的颁布与实施使我国企业的成本核算实务逐步步入规范化的轨道，也有效提升了企业成本核算质量和成本管理水平。

2. 成本会计实务发展

在改革开放的总方针指引下，有计划的商品经济体制在我国逐步确立，我国企业由单纯的生产型企业向生产经营型企业转变，逐步成为相对独立的经济实体。于是，加强成本管理与降低成本成为企业提高经济效益的核心问题。为此，一些企业推行了成本目标管理、价值工程和企业内部经济责任制。开展了成本目标管理后，在新产品开始设计研发之前，通过预期售价扣除目标利润和税金得到目标成本，以此来控制新产品的成本；我国还有一些企业在开展成本目标管理时，实行全过程、全部门、全员成本目标管理，把目标成本作为价值工程的奋斗目标，把价值工程作为实现目标成本的手段，从而使成本目标管理不断向广度和深度发展，为降低成本、提高经济效益开辟了新的途径；随着经济体制的转轨，一批能够适应市场变化并有一定活力的国有企业，把目光转向市场和企业内部，向管理要效益，在建立、完善和深化各种形式的经济责任制的同时，将厂内经济核算制纳入经济责任制，形成了以企业内部经济责任制为基础的责任会计体系。20 世纪 80 年代末，与经济责任制配套，许多企业实行了责任会计、厂内银行，为企业能更好地减员增效提供了保障。

3. 成本会计理论研究

在有计划的商品经济时期，我国的会计学术团体、会计类期刊如雨后春笋般发展起来，学者们畅所欲言、各抒己见，成本会计理论研究呈现出"百家争鸣，百花齐放"的态势。自首届中国成本研究会召开以后，成本管理成为这一时期我国成本会计理论研究的重点。在首届中国成本研究会上，杨纪琬（1980a）提出成本会计的主要职能应为成本管理，成本管理应包括成本预测、成本控制、成本核算、成本分析和成本考核等环节。

（1）在成本预测方面，学者们各抒己见，而且主要观点已基本上达成共识。成本预测就是成本计划，包括远景规划和近期的执行计划（杨纪琬，1980b），成本预测中应采用定量分析与定性分析相结合的方法（谢诗芬，1985）。成本预测涉及生产技术、生产组织以及经营管理的各个方面，通过成本预测可以为制定产品结构和生产工艺的设计或改革方案提供依据，为制定生产、销售计划提供依据，为选择既能提高质量又能降低成本的最优方案提供依据，为选择既保证生产又节约资金的最优方案提供依据，为机器设备的增添、更新、改制方案提供依据（马英麟、王俊生，1980）。

（2）在成本控制方面，学者们普遍针对应遵循的经济原则、成本控制的阶段和成本控制的范围提出了自己独到的见解。成本控制应遵循经济原则、全面性原则、分口分级控制原则、责权利结合原则、例外原则和介入原则（陈元燮，1982）。在此基础之上，欧阳清（1982）建议根据统一领导和分级管理相结合的原则，建立成本控制的归口、分级责任制即规定各部门、各单位对于成本支出的权限和责任，并把成本指标分解、落实到各部门、各单位进行管理和控制。成本控制应分为事前控制、事中控制和事后控制三个阶段（易庭源，1982），成本控制的重点是抓好产前控制，其次才是加强生产过程的控制（罗飞，1985）。成本控制的范围应适当地进行延伸，实行全面成本控制，不仅控制的内容应增加，而且成本控制的人员范围要扩大（刘明辉，1986）。

（3）在成本核算方面，学者们针对应使用的成本计算方法展开了行之有效的探讨。汪家祐和曹冈（1981）与李天民（1982）都倡导我国引入国外的变动成本法来进行企业成本核算。成本核算也应引入边际成本、增量成本、机会成本，以及时间成本等方法来进行核算（余秉坚、丁平准，1985），而且应打破单一的以产品成本为核算对象的传统观念，代之以适应经营管理不同需要的多种核算对象，形成服务于微观和宏观经济管理的多种成本核算形式（杨纪琬，1985）。标准成本法可以与经济责任制融为一体，更好的发挥成本控制的作用（孔祥桢，1983），因此，我国应建立中国式标准成本会计，并区分变动成本与固定成本（欧阳清、刘永泽，1988）。贺南轩（1988）进一步指出，应该将我国定额法的优点和西方的标准成本法的优点结合起来，将成本差异既按责任单位归集，又按产品归集，以便既配合责任成本核算提供各责任单位成本责任执行情况的数据，又配合产品成本管理，提供各种产品实际成本的数据。

（4）在成本分析方面，学者们主要是针对成本分析的范围、方法及内容等方面进行了较为深入的研究。常文博等（1980）建议开展国内、外同类产品间的对比分析。成本分析应从产品数量、品种结构、单位变动成本和固定成本四个因素入手来进行（夏博辉，1985）。成本分析的方法主要应使用差量分析法、比率分析法、因素分析法和图像法等（贺朝弼，1986）。此外，成本分析的内容应包括产品成本计划完成情况分析、成本效益分析、成本技术经济分析、厂际间产品单位成本的分析评比、成本的预测分析、成本的决策分析等（欧阳清，1998）。

（5）在成本考核方面，张善琛（1983）建议采用与行业标准成本相比的成本降低率指标来考核企业成本；邵汉瑾（1984）认为对工业产品成本的考核，可以将全部产品成本分为变动成本和固定成本两大部分分别考核；涵方（1986）认为应以成本利润率为主要指标，以全部产品总成本计划完成率等其他指标为辅助指标，从而形成较为完整的成本考核指标体系。

上述可见，在有计划的商品经济时期，随着改革开放后我国对外学术交流日益增多，国外许多先进的成本会计理论和方法不断地被引进到我国，我国成本会计理论研究工作得以更好地开展，这极大地丰富了我国成本会计理论研究内容，并缩短了我国与西方发达国家成本会计方面的差距。

（三）社会主义市场经济时期的成本会计（1992 年 11 月~2013 年 12 月）

1992 年年初邓小平同志的南方谈话，精辟地分析了当时的国内外形势，倡导进一步的解放思想，提出了三个"有利于"，明确地回答了多年来困扰我们到底是走计划经济还是市场经济道路的问题。同年 10 月中共十四大明确提出了建立社会主义市场经济体制的宏伟目标。1993 年 11 月召开的中共十四届三中全会通过了《关于建立社会主义市场经济体制若干问题的决定》，提出要建立产权明晰、权责明确、政企分开、管理科学的现代企业制度。应该说，这一时期的我国成本会计，在社会主义市场经济的大潮中取得了长足的发展。

1. 成本会计制度建设

1992 年 11 月，经国务院批准，财政部发布了《企业会计准则》《企业财务通则》，以及 13 个行业的企业会计制度和财务制度（简称"两则""两制"），于 1993 年 7 月 1 日起实行。"两则"与后来颁布实施的《企业会计制度》，对成本会计制度建设产生了重要影响：企业的成本核算方法由制造成本法取代完全成本法，将原来的企业管理费分为管理费用和财务费用，不计入当期产品成本，而作为期间费用一次性并全额计入当期损益；在一定范围内允许企业使用加速折旧法对固定资产计提折旧；建立坏账准备金制度，提高企业的风险管理意识；改革了成本管理评价指标等。

2006 年 12 月，财政部颁布新修订的《企业会计准则》（简称新准则）与《企业财务通则》，于 2007 年 1 月 1 日起开始施行。这标志着随着我国社会主义市场经济体制的进一步完善，我国会计与国际会计惯例实现了实质性趋同。新准则中涉及企业成本核算的规定主要有存货、固定资产折旧、无形资产摊销、职工薪酬、借款费用以及生物资产、石油天然气的开采等。新准则中对成本要素的确认和产品成本的范围进行了规定，其中，资产负债表中的存货成本必须反映存货的实际成本，存货中的产品成本包括直接材料、直接人工和制造费用。可以看出，新准则是与国际会计准则相趋同的结果，体现了国际会计准则对企业财务会计的要求，对企业会计核算的发展产生了深远的影响。与《企业会计制度》相比，新准则扩大了可以计入产品成本的范围。例如，新准则中对无形资产规定：为生产产品而使用的无形资产摊销可以计入该产品的成本，这类规定有利于公允的反映投入和产出之间的因果关系，并准确核算产品成本。

应该指出，尽管这一时期我国在成本会计制度建设方面取得了一定的成就，但是，在进入 21 世纪以来，随着我国加入世界贸易组织，原有的成本会计制度体系对企业成本核算的参考作用十分有限，我国缺乏一个有效的成本核算制度来规范企业成本核算的行为。具体表现为：准则和制度中没有关于成本费用的归集和分配，以及在产品和产成品成本的核算等内容，在现行的制造成本法下对所有的成本项目采用一个统一的标准进行分配，忽视了各成本项目与产出之间的因果关系，既不符合受益原则，也不能准确反映资源的消耗方式，更无法准确计算产品成本，而这些问题势必会影响财务报告中存货成本和销售成本信息的可靠性，进而导致我国出口企业在国际市场上因成本核算不规范的问题频繁遭受到反倾销制裁。由此可见，面对企业经营环境的变迁，我国成本会计制度的变革势在必行。

2. 成本会计实务发展

20 世纪 90 年代以来，企业成本会计实务界产生了很多创新的成果。例如，河北邯郸钢铁总厂实行"模拟市场核算，实行成本否决"，其主要特点是：以降低成本、增加效益为核心，全面强化企业内部管理；以分级经济核算为手段，充分挖掘各个环节的潜力；以层层分解指标，实行重奖重罚的利益机制为动力，充分调动广大职工当家理财的积极性。山东省潍坊亚星集团有限公司首创"购销比价管理"，即：在采购与销售两个环节上，采用"价格比较"，对经营的全过程进行动态监控，力争在满足本企业质量需求的前提下实现低成本采购，在满足用户质量需求的前提下在较高价位销售。四川长虹集团将成本会计业务从财务部门独立出来，成立"成本管理中心"，由该中心专职负责成本会计业务，并取得了良好成效。

21 世纪伊始，面对新技术的创新、经营环境的剧变以及来自国际市场的竞争压力，我国企业开始探索战略成本管理之路。美菱集团通过实施"科技驱动型成本战略管理"，增强员工的成本管理意识，使得各项成本明显降低，改革取得了初步成效。此外，随着会计电算化、信息化技术的诞生与应用，我国企业成本管理的手段逐步走上现代化的道路。

3. 成本会计理论研究

在社会主义市场经济时期，我国的成本会计理论研究硕果累累，从研究的集中度上看，社会责任成本、作业成本、战略成本管理等是相对的热点问题。

社会责任成本属于非自愿性和不可控性成本，大多与企业收入有间接联系（谢志华，1995），可以将社会责任成本分为人力资源耗用的社会成本、环境污染的社会成本、生态资源被破坏的社会成本、技术变革的社会成本以及失业和闲置资源的社会成本（李天民，1994）。社会责任成本可以使用经济计量模型来量化，计量与报告社会责任成本信息的方式可以通过叙述性反映、在现有的报表中添加附注的形式反映、用独立报表如"社会效益和成本报告"等形式来反映（聂丽洁，1998）。在此基础上，刘红霞（2008）提出了使用替代品价值、历史成本价值、恢复成本价值等多种方法来计量社会责任成本，并认为社会责任成本信息披露的内容应包括：环境成本、资源成本、人力资源成本、消费者责任成本、社区公益成本、外部不经济成本，以及企业对政府、股东、供应商、债权人等承担的责任成本等。

作业管理为核心的新管理体系框架，应以高科技成果在生产中的应用为条件、"弹性制造系统"为基础、"股东投资报酬现值最大化"为目标、企业观的转变为起点、作业成本计算为中介来建立（余绪缨，1994）。当今企业面临生产技术的飞速发展，市场竞争范围日益国际化，计算机、机器人、自动化逐步替代了过去以人工为主的生产方式，企业的市场也由国内拓展到了国际，相比于传统的成本核算方法，作业成本法更适用于内部管理和企业经营与投资决策（卢伟强、张林夕，1996；潘飞，1996）。骆德明（1998）全面介绍了作业成本法的基本思想，认为成本动因就是引起成本发生的因素，而成本性态是由成本动因所支配，要把各种费用分配到不同的产品上，首先要了解成本性态，以便识别恰当的成本动因，并指出采用作业成本法计算产品成本时，先将制造费用归于每一作业，然后再由每一作业中心分摊到产品中，并与相应的直接材料和直接人工相加。欧佩玉、王平心（2000）、林斌等（2001）、宁亚平（2012）分别结合中国先进制造业、中国铁路运输业及澳大利亚银行业和制造业的案例，阐述了作业成本法的适用范围，即适用于制造业、非制造业、国有企业、非国有企业、具备产品差异性的企业、间接成本比重较大的企业和市场竞争激烈的企业。

战略成本管理主要是从价值链分析、战略定位分析和成本动因分析入手，对企业成本进行分析与管理（夏宽云，1998；万寿义、王政力，2006）。从成本会计过渡到管理会计再过渡至战略会计决定着未来成本管理的发展新方向（王学军，1992）。熊焰韧等（2008）以国内134家制造业企业为样本，考察了战略成本管理在我国企业的应用情况，并根据调查结果指出战略成本管理在我国已经有了一定的运用，但企业对外部竞争环境以及竞争对手的认识参差不齐，成本信息在战略制定过程中发挥的作用还有待提升。李海舰和孙凤娥（2013）认为，战略成本管理的理念可以克服传统成本管理"局部性""内部性""有形性""可计量性""短视性""矛盾性""有限性"等缺陷。

三、新时期的成本会计前瞻

2012年11月召开的中国共产党第十八次全国代表大会明确了我国经济发展的战略布局：中国特色社会主义事业总体布局由经济建设、政治建设、文化建设、社会建设"四位一体"拓展为包括生态文明建设的"五位一体"。这对于将科学发展观贯彻落实到我国社会主义现代化建设中无疑具有深远的意义。随后，2013 年 11 月召开的中共十八届三中全会，审议并通过了《中共中央关于全面深化改革若干重大问题的决定》，决定中提出了包括坚持和完善基本经济制度、加快完善市场体系、加快转变政府职能、深化财税体制改革、城乡发展一体化、扩大对外开放、推进法治中国建设等重大政策纲领。从中不难看出，十八届三中全会确定的主题是全面深化改革。可以预期，在全面深化改革的新的历史时期，我国成本会计必将紧随时代发展步伐，为经济社会的全方位发展做出更大的贡献。

（一）新成本核算制度的创新点

踏着全面深化改革的节拍，我国于 2014 年 1 月起试行新成本核算制度。该制度是我国企业会计制度体系的重要组成部分，弥补了原成本核算制度体系的缺陷。在该制度中突出了以下几点创新：

第一，对产品进行了重新定义，即产品是指企业日常生产经营活动中持有以备出售的产成品、商品，以及企业提供的劳务或服务。

第二，将行业划分为制造业、农业、批发零售业、建筑业、房地产业、采矿业、交通运输业、信息传输业、软件及信息技术服务业、文化业以及其他行业共 11 类，并对各行业如何实施成本核算制度做出了明确的规定。

第三，规定制造业企业可以根据自身特点和条件，利用现代信息技术，采用作业成本法对不能直接归属于成本核算对象的成本进行归集和分配。

第四，规定企业可以采用标准成本法对直接材料进行日常核算，但在期末应将所耗用的直接材料的标准成本调整为实际成本。

第五，对制造费用的核算内容做出了规定，即制造费用是指企业为生产产品和提供劳务而发生的各项间接费用，包括企业生产部门（如生产车间）发生的水电费、固定资产折旧、无形资产摊销、管理人员的职工薪酬、劳动保护费、国家规定的有关环保费用、季节性和修理期间的停工损失等。

第六，提出了为满足企业内部管理的需要，还可以多维度、多层次的确定多元化的产品成本核算对象。多维度，是指以产品的最小生产步骤或作业为基础，按照企业有关部门的生产流程及其相应的成本管理要求，利用现代信息技术，组合出产品维度、工序维度、车间班组维度、生产设备维度、客户订单维度、变动成本维度和固定成本维度等不同的成本核算对象。多层次，是指根据企业成本管理需要，划分为企业管理部门、工厂、车间和班组等成本管控层次。从中可以看出，成本核算制度打破了单纯以产品作为成本核算对象的传统思维，拓展成了包括以作业为基础来确定成本核算对象的新思路，并实现了分层次管理成本的新手段。

（二）新成本核算制度对成本会计实务发展的深远影响

1. 运用作业成本法来有效地降低并控制成本

《企业产品成本核算制度》当中最大的亮点是引入了作业成本法来核算产品成本。作业成本法的优点在于使管理者能够有效地控制成本。一旦确认了某种产品制造费用的成本动因，管理者就会从降低成本的角度对制造费用进行重新评估，并降低制造费用，最终降低产品总成本。由于作业成本法是按照成本动因，并基于受益原则在不同产品间分配制造费用，所以，作业成本法不仅保证了产品成本计算的准确性，进而提高我国成本信息乃至整个会计信息的质量，而且还可以起到有效的控制并降低产品成本的作用。这与为了降低单位产品成本而进行大批量生产、不考虑存货积压后果的传统成本核算方法是截然不同的，其优越性是传统成本计算方法所不能比拟的。

2. 有利于促进我国成本核算与国际成本核算惯例相趋同

国际上时有进口国的反倾销调查机构借产品成本核算问题对我国某些出口产品实施反倾销措施，这在一定程度上影响了我国企业的国际竞争力。而《企业产品成本核算制度》的实施可以有效地规范企业产品成本核算的行为，如合理的解决成本费用的归集和分配问题，以及在产品和产成品成本的核算问题等。这些问题的解决可以促进我国成本核算与国际成本核算惯例的接轨和趋同，有效地提高我国出口产品成本计算结果的准确性与合理性，并使我国出口企业提供的成本信息能够得到国际上的普遍认可，能够成为"最佳可采证据"，并使我国出口企业能从容的应对国际反倾销。因此，《企业产品成本核算制度》是提高企业国际竞争力的重要制度基础，对于贯彻实施中央"走出去"的战略具有重要意义。

3. 有利于政府价格监管部门对公用事业产品的定价进行有效的监管

我国公用事业企业大多具有自然垄断性质，其产品的价格并非通过市场竞争形成，而是由政府价格主管部门依据各种产品的定价成本和一定的投资收益率（亦称加成率）来予以确定。所谓定价成本，是指全国或一定范围内经营者生产经营同种商品或者提供同种服务的社会平均合理费用支出。定价成本源于会计上的产品成本但又不完全等同于会计上的产品成本。在现行制造成本制度下，产品成本通常是指产品的生产成本，即企业为制造该产品所耗费的直接材料、直接人工和制造费用。定价成本的范围不但包括产品成本还要涵盖与企业管理和产品销售相关的期间费用。显然，采用政府定价模式，公用事业产品的定价是否合理主要取决于企业提供的产品成本信息是否真实可靠。在信息不对称的情况下，如果对企业产品成本信息生成过程缺少必要的管制，如果对企业提供的产品成本信息质量缺少必要的鉴证，政府价格主管部门很容易受制于企业，从而失去对公用事业产品定价的真正话语权。因此，依据《企业成本核算制度》对公用事业产品成本的真实性和合理性进行审计，并在此基础上按照产品的实际或标准成本来确定其价格，能够防止政府价格监管部门被公用事业企业普遍存在的亏损现象所蒙蔽，保证公用事业行业的产品价格趋于合理，并以此保护社会公众的利益不被损害，以及推动公用事业企业杜绝乱挤乱摊成本的行为，增强其通过改善管理、提高效率等途径来降低成本的积极性和主动性。

4. 有利于进一步完善政府采购制度，降低政府采购成本

随着政府采购制度在美国等西方发达国家取得了成功，我国也引入了政府采购制度。有效的政府采购制度不仅可以降低采购成本、提高采购效益，而且还具有调节国民经济、保护民族产业、促进技术进步等功能。然而，由于制度不完善等问题的存在，致使在我国的政府采购过程中经常出现成本失控、采购价格高于市场价格、采购成本居高不下的怪现象。制定新成本核算制度是进一步完善政府采购制度的重要举措。在该制度中，明确了哪些支出可以计入成本，哪些支出不能计入成本，以及成本费用的确认、计量、分配方法等。这样，一方面使得各生产相同或类似产品的企业成本口径保持可比，为政府在对采购合同的谈判和标的价格的确定上提供了一个更加充分的依据；另一方面，也为政府采购审计监督工作的有效运行创造了有利条件。

5. 有利于推动传统零售业向电子商务的转型

当前，身处"互联网＋""大数据时代"的传统零售商正面临着电子商务的冲击：一方面，年轻一代的消费族在快节奏的生活中早已改变了原有的消费方式，即"网购"正逐渐取代线下购物的形式；另一方面，受商业地产

价格的不断飙升以及人工成本上升的影响，依靠线下门店的传统零售业的利润不断地被摊薄。一些零售商迫于压力开始逐步地向电商转型。其中，"小米"与"苏宁"所采取的传统实体店与电商相结合的模式值得很多传统零售商借鉴，即网店负责销售，实体店承担网店的售后工作。但是，由于不受店面面积的限制，网店所展示出的商品品种数量远远超过了单纯靠实体店经营时所罗列的商品品种。有样品就应有相应的库存商品。如果对市场预期不够准确，管理稍有不善，就会造成库存压力增大的局面。而新成本核算制度中所倡导的以客户订单维度作为产品成本核算对象，对于拓展成本核算对象的新思路，便于零售商进行分层次成本管理，实现"准时制生产""零库存"具有重要的意义。

（三）新时期我国成本会计理论研究中的成果及应重点关注的问题

1. 新时期我国成本会计理论研究的成果

2014 年 10 月 27 日，财政部颁布了《财政部关于全面推进管理会计体系建设的指导意见》。该指导意见明确了管理会计体系建设的指导思想和基本原则，提出了管理会计体系建设的总目标，并围绕该目标部署了相应的任务、具体措施和工作要求。受大方向的指引，我国在新时期诞生了较多的管理会计类的科研成果。根据研究内容来看，这些成果中与成本会计理论研究的交集较多。从研究的集中度上看，作业成本、战略成本管理等仍然是热点问题。

于增彪等（2014）重塑了成本管理理念，并提出应提高总会计师在国有企业与行政事业单位的地位，从而使得研发、设计、投资等符合成本管理与价值创造的标准。冯巧根（2015）、苏文兵等（2015）谈及了成本会计方法如何适应产品结构优化升级以及创新驱动的新形势。王满（2015）主张以作业为基础来编制责任中心报告，该报告能够明晰主题、落实责任，并以此为基础编制战略报告提供给高层的管理者。耿云江和赵晓晓（2015）、王兴山（2015）阐述了在大数据、云计算等新 IT 技术时代下，企业应制定严密的物资采购、产品生产等规划，以便于为企业的生产经营活动提供支持。

2. 当前成本会计理论研究应重点关注的问题

（1）应对国际反倾销成本会计问题研究。

国际反倾销调查中所需要的产品成本信息与我国会计实务中所生成的产品成本信息差异较大。如何在我国成本核算制度框架下生成国际反倾销调查所需的产品成本信息，以及如何应用变动成本法和完全成本法来计算成本，进而从根本上解决我国产品成本信息的国际化问题，是我国出口企业成本核算中的难点问题，也是当前我国成本会计制度改革中急需探讨的重大课题。

国际反倾销调查中所需要的产品成本信息与我国会计实务中所生成的产品成本信息差异较大。例如，调查中要求产品成本的计算必须是基于变动成本法的思想，即直接材料、直接人工和变动制造费用计入产品成本，而对于固定制造费用则直接计入当期损益。但我国成本核算制度中规定的产品成本核算仍然采用的是制造成本法，即产品成本中通常包括直接材料、直接人工和制造费用。其中制造费用不但包括变动制造费用，也包括固定制造费用。因此，如何在我国成本核算制度框架下生成国际反倾销调查所需的产品成本信息，以及如何建立应对国际反倾销的产品成本核算系统，势必成为我国出口产品成本核算中亟须解决的重要问题。

（2）企业环境成本会计问题研究。

随着人们生活水平的提高，社会公众也越来越关注诸如空气质量、水质量和食品安全等方面的问题。尤其是在中共十八大和中共十九大召开以来，我国自上而下的普遍摒弃了"高投入、高消耗、高污染"的经济增长模式，转而走上了建设生态文明型社会的绿色发展之路。

为了贯彻落实中央提出的可持续发展战略，寻求经济发展与生态环境的平衡，我国自 2015 年开始逐步出台了《中华人民共和国环境保护法》《中华人民共和国大气污染防治法》《环境空气质量标准》《大气污染防治行动计划》《中华人民共和国环境保护税法》等一系列法律法规，并进一步明确了企业的环保责任与社会责任。企业为履行环保责任而发生的各项支出即为环境成本，亦称企业环境治理成本，即企业为履行环境保护责任而发生的污染预防与整治行为所付出的代价，既包括环保设施与技术的研发、购置和改造，以及对环保企业的股权投资等环保资本支出行为，也包括环保税费、环保捐赠以及环保罚没等环保费用支出行为，还包括因消减污染源和淘汰落后产能所导致的限产、停产和转产等行为。而针对环境成本或环境治理成本的确认、计量、报告和披露则为环境成本会计的范畴。近年来，我国学者针对环境成本影响因素的研究较多，但有关环境会计核算的基本业务流程问题却无人问津。因此，如何在新时代深入研究企业环境成本信息的确认、计量、报告和披露问题，是会计学术界尤其是成本会计学术领域一项刻不容缓的重要任务。

（3）成本会计准则问题研究。

我国于 2006 年建立的企业会计准则体系自 2007 年 1 月 1 日起在我国上市公司和非上市大中型企业实施，并得到了国内外的普遍认可，其中存货、生物资产、建造合同等会计准则虽已经涉及产品成本核算的内容，但准则规定的还不够具体；而 1986 年出台的《国营工业企业成本核算办法》中的一些内容不能完全满足新制造环境下企业经营管理的需要。因此，《企业产品成本核算制度》是结合市场经济新发展、适应企业管理新需要、顺应会计准则新变化的必然产物。随着我国市场经济体制的确立与完善，国家减少对企业成本管理的干预，成本管理方面的法规制度逐步趋于稳定和完善，我国会计准则体系也将更加的完善，对会计实务工作的指导也会更富有针对性。《企业成本核算制度》是我国成本会计制度建设中取得的重大成果，它对于我国成本会计实务发展必将起到积极的推动作用。然而，从成本会计制度建设的国际惯例来看，制定成本会计准则，依然是新时期我国成本会计制度建设的必然选择。

"制度建设，理论先行"。为了制定成本会计准则，必须广泛开展成本会计准则的理论研究工作，以便对我国制定成本会计准则的必要性和可行性，以及成本会计准则的理论框架、具体内容等问题进行深入研讨。毫无疑问，这是全面深化改革的新时代赋予我国成本会计学术领域的又一历史使命。

四、研究结论

综上所述，"经济越发展，会计越重要"，会计对经济的发展起着重要的推动作用，而作为会计子系统的成本会计也是我国经济能够腾飞的重要助推力之一。伴随着我国由计划经济体制过渡到社会主义市场经济体制，我国的成本会计也随之发展并不断地寻求与实务界的需求相契合，可以说，《国营企业成本管理条例》《国营工业企业成本核算办法》《企业会计准则》《企业会计制度》都是与当时成本核算实务相适应的产物。在现今以机械化生产为主导的时代，《企业产品成本核算制度》可以起到指导与规范现阶段产品成本核算的作用，更可以通过规范化企业成本核算制度来提高企业的国际竞争力，并使企业能够在国际市场上占有一席之地。只有当更多的能适应激烈国际竞争的企业"走出去"，我国具有国际竞争力的知名品牌企业才能涌现出来，才能带动我国经济的发展。当然，任何一项制度都不会是尽善尽美、一成不变，成本核算制度也不能例外。随着我国经济改革的不断深化，必然推动成本会计理论研究与实务发展的进一步繁荣，我国的成本会计准则必将取代成本核算制度而登上历史舞台。

| 第五章 |
研究结论与展望

第一节 研究结论

本书在借鉴合法性理论、外部压力理论、利益相关者理论、新制度经济理论、优序融资理论、情绪泛化假说、创造性破坏理论等相关经济管理理论的基础上,应用线性回归、逻辑回归等方法实证检验了企业环境治理的影响因素及经济后果。在此基础上,通过采集国泰安 CSMAR 沪深 A 股的数据,实证检验了与企业环境治理有关的其他问题。在研究过程中,本书主要得到了以下研究结论:

(1)空气污染等环境问题频繁发生,使得企业的外部制度环境发生重大变化。重污染企业的环境治理行为既取决于外部制度因素的驱动,同时也受企业内部产权性质的深刻影响。通过对本书第二章第一节的文献进行梳理,笔者发现,空气污染这一自然现象所反映的是环保法律法规和政策的变化,其对重污染企业行为的影响绝不会仅限于企业盈余管理和投融资方面,在新的制度环境下，重污染企业的环境治理行为面临着前所未有的挑战，同时也不可避免会具有显著的产权差异特征。基于此，本书第二章第一节以沪深 A 股 377家重污染行业上市公司为研究对象，实证检验产权性质在空气污染与企业环境治理行为关系中所发挥的作用。经检验，产权性质在空气污染程度与重污染企业环境治理行为的关系中发挥部分中介效应。鉴于此，一方面，要大力推广国有企业社会责任文化建设的成功经验，充分发挥国有企业在生态文明建设中的示范引领作用；另一方面，也要建立和完善遏制民营企业自利行为的制衡机制，使其在利己的决策行为中融入更多的利他目标。

（2）随着人们生活水平的不断提高和环保意识的逐步增强，社会各界对环境质量和企业履行环境保护责任问题日益关注，企业环保投资亦相应成为社会聚焦的热点议题。通过在本书第二章第二节的文献梳理中不难看出，已有研究对企业环保投资中的环保资本支出和环保税费支出并未加以严格区分，且大多基于正式制度的视角来讨论企业环保投资的影响因素。而且这两类支出不仅对于企业的价值创造、绩效提升，以及绿色转型的作用不同，而且对于正式制度的敏感度也存在较大的差异。基于此，本书第二章第二节以沪深A 股 429 家污染类上市公司为研究对象，实证检验环境质量、高管家乡认同与企业环保资产投资的关系。研究发现，环境质量与企业环保资产投资显著负相关，即企业所在地环境质量越差，污染类企业环保资产投资的力度越小；高管家乡认同与企业环保资产投资正相关，但该关系并不显著。研究还表明，高管家乡认同在环境质量与污染类企业环保资产投资的关系中具有反向调节作用。该研究的主要目的是运用沪深 A 股污染企业上市公司的经验证据来验证非正式制度在环境治理中所起到的作用。一方面，应通过正式制度与非正式制度的融合互补，以促进企业更多地履行环境保护等社会责任；另一方面，在企业主要高管人员的选聘中，可以优先考虑条件基本相同的"本地人"，以发挥高管家乡认同对企业履行自愿性环境保护责任所具有的正向推动作用。

（3）当前，中国出口企业面临的对外贸易形势较为严峻，环境治理问题的指控已成为国外尤其是发达国家对华反倾销的重要内容。环境规制、环境成本内部化已成为环境治理的两大核心要素。改革开放以来，中国在经济高速增长的同时，生态环境污染已成为一大民生痛点。企业是环境污染的主要制造者，理应承担环境治理的责任。企业为履行环境治理责任所发生的各项支出，既是衡量企业环境治理能力的重要指标，也是影响发达国家反倾销调查机构进行倾销认定的重要因素。企业环境治理问题既关系到民生的改善和社会的稳定，也是影响中国对外贸易和经济发展质量的大问题。生态倾销既是国际贸易问题，也是成本问题，更是环境治理问题。通过在本书第二章第三节的文献梳理中可见，多数学者的研究着重于探究环境成本的影响因素，鲜有学者基于微观层面的视角实证检验环境治理对反生态倾销的影响，亦无学者基于企业环境治理的视角探究反倾销的应对策略。基于此，本书第二章第三节以沪深 A 股重污染行业中 265 家出口企业上市公司为研究样本，实证检验环境规制、环境成本内部化与国外对华反生态倾销之间存在的关系。经实证研究发现，环境规制强度对企业环境成本内部化水平具有显著正向促进作用，即加大环境规制强度有助于提升企业环境成本内部化水平；而环境成本内部化水平对反生态倾销变量则具有显著负向促进作用，即出口企业环境成本内部化水平越高，越有助于企业规避国外对华反生态倾销风险。该研究的主要目的在于运用沪深 A 股重污染行业出口企业上市公司的经验证据来检验环境规制对于企业环境治理的促进作用，以及对于企业遭受反生态倾销的抑制作用。

（4）美欧等发达国家是在主张严格环境管制和环境成本内部化的同时，也要求发展中国家必须加强对产品生产环节的环境管制，加大环境保护的投资力度，并建立因生产经营活动所造成的环境损失的补偿机制。在国际贸易中，如果发展中国家放松环境管制，其出口产品成本中未能全面反映为生产该产品所发生的环境损失，该产品势必遭到进口国的反倾销制裁。近年来，发达国家纷纷以环境问题为由对中国出口产品发起反倾销。生态倾销的指控已成为国外尤其是发达国家对华反倾销的重要内容。通过在本书第三章第一节的文献梳理中不难看出，无论是早期针对生态倾销的特点、影响、产生原因，以及如何应对等方面的研究成果，还是近年来主要从如何规避国外对华反生态倾销风险的角度所展开的研究，国内外学者结合自身学术背景对生态倾销、反生态倾销及其应对等相关问题进行了深入探讨，尚无学者基于微观层面的视角实证检验企业环保投资对反生态倾销的影响。鉴于此，为了弥补已有研究的不足，进一步丰富反倾销和环境成本会计理论研究，本书第三章第一节通过国泰安 CSMAR 数据库采集沪深 A 股 265 家重污染行业出口企业上市公司的数据，实证检验企业环保投资与国外对华反生态倾销的关系，研究发现，企业环保投资与企业是否遭遇反生态倾销变量显著负相关，即企业环保投资力度越大，遭遇反生态倾销的风险越小。该研究的目的在于运用沪深 A 股重污染行业出口企业上市公司的经验证据实证回答企业环境治理的经济后果，即可以有效地帮助企业规避遭遇反生态倾销的风险。

（5）近年来，环境质量已经引起人们对身心健康与生活品质的关注。显然，在发展经济之余兼顾生态环境已成为新时代中国经济发展的主旋律。基于此，本书第三章第二节通过国泰安 CSMAR 数据库采集沪深 A 股 377 家重污染行业上市公司的数据，实证检验雾霾污染程度、企业短期信贷对企业成长性所产生的影响。研究发现，雾霾污染程度与重污染企业短期信贷显著负相关，即雾霾污染程度越重，重污染企业短期信贷融资能力会越弱；雾霾污染程度与企业成长性显著负相关，即雾霾污染程度越重，重污染企业成长性会越差。此外，研究还发现，雾霾污染可以通过减弱重污染企业短期信贷融资能力进而降低其成长性，即重污染企业短期信贷在雾霾污染程度与企业成长性二者关系中发挥部分中介效应。该研究的意义在于运用沪深 A 股重污染行业上市公司的经验证据揭示了雾霾污染程度对重污染企业短期信贷融资能力及企业成长性的影响机理，以及重污染企业短期信贷在雾霾污染与企业成长性之间所起的作用。

（6）当前，创新不仅是现代企业获取和维持竞争优势的必然选择，也是推动国家技术进步和经济高质量发展的中坚力量。在本书第三章第三节的文献梳理中不难发现，已有研究在为促进企业创新献计献策的同时，也为后续研究提供了可资借鉴的理论和方法，但鲜有基于企业环境信息披露的视角来探索污染类企业创新能力影响因素的研究。基于此，本书第三章第三节以沪深 A 股 429 家污染类上市公司为研究对象，实证检验企业环境信息披露对企业创新能力的影响。研究发现，污染类企业环境信息披露与企业创新能力显著正相关，即环境信息披露有助于污染类企业创新能力的提升；污染类企业环境信息披露可以通过缓解融资约束进而提升企业创新能力，即融资约束在污染类企业环境信息披露对企业创新能力的影响中具有部分中介效应。进一步的研究还表明，媒体关注在污染类企业环境信息披露对企业创新能力的影响中具有正向调节作用；环境信息披露对污染类企业创新能力的促进作用主要体现在国有企业和非重污染企业中。该研究的主要意义在于运用沪深 A 股 429 家污染类上市公司的经验证据来验证环境信息披露对提升污染类企业创新能力的积极影响，以及民营重污染企业应承担强制性披露环境信息的义务与污染类企业应密切关注舆论动态从而避免因环境表现的负面舆论而引发企业声誉危机。

（7）资本性环保支出是企业自愿履行环境保护责任而实施的环保投资行为。它既是影响企业财务绩效的重要因素，同时也受企业财务绩效所制约。然而，已有关于企业环保投资对企业绩效影响的研究，往往仅将其作为外生变量，采用单方程予以检验。这种单向的关系研究，忽略两者互为因果的可能，其实证结果可能会存在偏误。本书第三章第四节以沪深 A 股 377 家重污染行业上市公司为研究对象，基于内生性视角，实证检验企业资本性环保支出与企业财务绩效的关系。研究发现，重污染企业资本性环保支出与企业财务绩效呈互为显著负相关关系，即资本性环保支出水平越高，越不利于提高企业财务绩效；企业财务绩效越差，进行资本性环保支出的意愿越强。该研究的意义在于运用沪深 A 股重污染行业上市公司的经验证据，基于内生性视角，揭示了企业资本性环保支出与企业财务绩效交互影响机理，为进一步完善政府环境政策进而引导企业加大资本性环保支出力度提供理论指导，也可以完善现行企业绩效评价制度，即既要考核财务绩效，也要考核环境绩效。

（8）我国出口企业自主开展出口业务，不仅为企业自身的发展奠定了基础，同时也对我国城镇就业岗位的创造、财政收入的增长以及民生的改善等方面都有着重要的贡献。出口企业的财务绩效不仅是衡量企业盈利能力的主要指标，也是支持企业成长的源动力。出口企业能否不断提高财务绩效，是关系到我国对外贸易乃至经济是否可持续发展的大问题。在本书第四章第一节的文献梳理中不难发现，学者们关于企业绩效影响因素的研究大都将视角涵盖所有行业，鲜有针对董事会治理特征、反倾销与中国出口企业绩效关系的研究成果。鉴于此，本书第四章第一节通过国泰安 CSMAR 数据库采集 2010~2016 年沪深 A 股 600 家出口企业上市公司的数据，实证检验董事会治理、国际反倾销对中国出口企业财务绩效的影响。研究结果显示，出口企业董事长与总经理两职合一有利于提高企业财务绩效；董事会会议次数越多以及遭遇国际反倾销的出口企业，其财务绩效往往较差；而出口企业董事会规模、独立董事比例、董事受教育程度对财务绩效的影响则并不显著。该研究为我国出口企业通过进一步完善董事会治理和反倾销应对机制，来提高企业财务绩效提供了可行性的思路。

（9）对外贸易是拉动中国经济发展的重要力量。出口企业能否不断提高企业绩效，不仅关系到企业能否做大做强，也是中国能否实现从贸易大国到贸易强国转变的关键所在。在本书第四章第二节的文献梳理中不难看出，研究企业绩效的视角大多以所有行业的上市公司来展开，鲜有研究股权结构与中国出口企业绩效关系的成果。中国出口企业基本上属于制造业，其经营活动的最大特点是面对国内和国外两个市场，这就决定了出口企业绩效的影响因素势必具有特殊性。基于此，为了弥补已有的研究中未能反映出口企业异质性的不足，本书第四章第二节以中国出口企业为视角，利用国泰安 CSMAR 数据库采集沪深 A 股市场 600 家出口企业上市公司数据，实证检验中国出口企业股权结构对企业绩效的影响。研究结果表明，出口企业股权集中度、股权制衡度、机构持股比例越高，越有利于提高企业绩效；国有股东控股的出口企业，企业绩效往往较差；出口企业的股权集中度与企业绩效呈倒 U 型关系；而出口企业高管持股比例对企业绩效的影响则并不显著。该研究的意义在于运用沪深 A 股出口企业上市公司的经验证据实证检验股权结构对中国出口企业绩效的影响，以期为中国出口企业通过优化股权结构，以及优化主要高管人员任用机制来提高企业绩效提供实证依据。

（10）在当前的国际贸易争端中，不宜过多依赖企业担当诉求主体，宜由行业协会牵头，发挥自身在人力、资金和信息方面的优势，切实维护行业内企业的利益。2013 年，中国对从印度和日本进口的吡啶产品实施反倾销。受该项贸易救济政策刺激，国内被救济的企业会迅速摆脱经营困境，相关产业也必将重现生机。根据有效市场假说，股票价格反映出投资者对公司未来收益的预期。因此，本书第四章第三节应用事件研究法，利用沪深 A 股市场 9 家吡啶上市公司的日报酬率数据，实证检验中国对印度和日本吡啶产品反倾销初裁日与终裁日期间的市场效应，并探讨该案给企业、投资者、行业协会和政府所带来的启示，以期为中国对外反倾销的实践有所裨益。研究结果表明：反倾销初裁与终裁事件对吡啶行业的日报酬率影响较大，吡啶概念股的股价整体上处于上涨态势，但个股的日报酬率受反倾销裁决的影响不够显著。该研究的启示意义包括：第一，企业应充分认识反倾销的战略意义；第二，投资者应适当持有反倾销等贸易救济政策受益公司股票；第三，行业协会应成为对外反倾销的"先锋官"；第四，政府强有力的支持是企业打赢反倾销等国际贸易争端官司的关键。

（11）我国首部《企业产品成本核算制度（试行）》于 2014 年 1 月开

始在大中型企业试行。这标志着我国成本会计的发展已开启新的篇章。随着机械化程度的提高，制造费用在生产成本中所占的比重日益增大，但其在不同产品间的分配标准又过于简单，这就直接导致了产品成本的计算结果不够准确。另外，依据会计准则和会计制度所披露的财务报告侧重于对外反映企业的财务状况和经营成果，而且会计准则和会计制度规范的只是财务报告中所需的成本信息，该信息不足以为经营以及管理决策提供有力的支持。再者，随着我国在 2001 年加入世界贸易组织以后，有越来越多的企业开始走向国际市场，所以我国需要制定符合企业发展需要的、与国际惯例相趋同的成本会计制度，并以此规范企业成本核算行为。基于此，我国财政部于 2013 年 8 月颁布了企业成本核算制度。因此，在该制度试行之后，回顾新中国成立后我国成本会计的发展历程，并对其发展前景进行展望，无疑对日后成本会计准则的制定，以及规范化我国企业环境成本的核算具有重要的借鉴意义。

第二节 研究展望

为了对环境污染的源头进行彻底治理，进而改善环境并提升经济发展和人们生活质量，我国正逐步加大环保法律法规建设力度和环保执法强度，自 2014 年开始先后修订了《中华人民共和国环境保护法》《中华人民共和国大气污染防治法》《环境空气质量标准》，并相继出台了《大气污染防治行动计划》《中华人民共和国环境保护税法》。环保法律法规是规范企业环境行为的根本制度，也是引导企业履行环境保护责任的"有形之手"。毫无疑问，随着中国环保法律法规的日趋完善，企业所面临的制度环境发生了巨大变化，这对企业行为不可避免会产生重大影响。已有研究中关于环境污染对企业行为影响的研究视角难能可贵，其研究方法和思路对后续研究具有重要参考价值。然而，环境污染对企业行为的影响绝不会仅限于企业盈余管理和投融资等方面。为弥补现有研究成果的不足，未来的研究方向应着眼于以下三个方面：

一、企业环境治理对企业成长性影响的研究

企业成长性是反映企业在一定时期内的经营能力及发展趋势的财务指标，也是利益相关者所关注的重要指标。如前文的合法性理论所述，企业若想生存与发展，其行为应符合法规的要求，否则会因无法获得有限的社会资源而在竞争中被淘汰。然而，在追求经济高质量发展的新时代，有些企业的污染行为已无法获得合法性的认同，以致面临潜在的生存危机。再者，随着国家各项新环保政策的出台，重污染行业所享受的各项优惠政策已不复存在。不仅如此，社会公众对环境污染的高度敏感，使得重污染行业的发展越发缺少人力资本的支持。我们很难想象，在知识经济时代，一个民意缺失、人力资本匮乏的企业会在激烈的市场竞争中保持着稳定的成长性。此外，波特和范德林德（Porter and van de Linde，1995）、特尔本和格里宁（Turban and Greening，1996）均认为企业承担社会责任、增加环境治理方面的投入会带来声誉效应，而且有助于提升企业的竞争力。这也在一定程度上说明企业的环境治理是对企业成长性有影响的。因此，如何在未来的研究过程中验证企业环境治理投入与企业的成长性存在因果关系，成为环境会计领域亟待解决的问题之一。

二、企业环境治理对企业价值影响的研究

企业价值，多以企业的财务绩效或上市公司的托宾 Q 值为参考指标。如前文的利益相关者理论所述，企业作为各利益相关者的受托管理者，在充分利用劳动力、资金、信息、物质资源等社会资源进行经营活动时，既要追求经济效益，同时也要兼顾到生态环境等外部客体的利益。关于企业增加环境治理方面的投入是否对企业价值产生影响，目前尚无定论。一方面，企业承担环境保护责任，增加环保方面的投资既可以树立企业良好形象（郑杲娉、徐永新，2011；Sueyoshi and Wang，2014），降低企业融资成本（Brammer and Millington，2005；El Ghoul et al.，2011），又能促进企业长期财务绩效的提升（Nakamura，2011；万寿义、刘正阳，2013；李百兴等，2018）。另一方面，企业履行社会责任，增加在环保方面的支出会增加自身的经营成本，进

而影响自身稀缺资源的配置，并极易增加管理层的可支配资源，加剧委托 – 代理问题，从而成为管理层自利的工具（Mackey et al.，2007），并降低企业的财务绩效（Spicer，1978；Martin and Moser，2016；吉利、苏朦，2016）。因此，深入研究企业环境治理与企业价值交互影响的关系则显得尤为重要。

三、企业环境治理对企业创新影响的研究

当前，创新不仅是现代企业获取和维持竞争优势的必然选择，也是推动国家技术进步和经济高质量发展的中坚力量。如前文的创造性破坏理论所述，企业为获取超额利润并保持竞争力需淘汰旧技术和生产体系，并通过自身不断的创新来实现。在传统公司制之下，企业实际管理者会出于自利动机而隐瞒重要的甚至是负面的信息，从而使得信息所有者无法及时预估风险，造成企业利益相关者的经济利益受损。此外，创新项目的关键信息不能轻易地对外披露，也会产生严重的信息不对称及代理问题。对于现代的制造类企业，所涉及的利益相关者还包括周围的生态环境。企业所披露的信息不仅应包含财务信息，也应包含非财务信息，如自身的生产活动是否对周围的生态环境产生了影响等信息。企业要发展就需要资金的投入，资金的来源可以是公司股东的投入或金融机构的借贷。企业的创新行为一般是建立在社会信任的基础之上，社会信任会有助于企业获取商业信用融资，为企业创新提供资金支持。而社会公众环境知情权的缺失和企业的环境失信行为将导致社会公众利益受损，并失信于利益相关者，最终导致企业的研发创新处于停滞不前的状态。环境信息披露作为有效的公司治理机制，可以增强企业的透明度，加强企业与利益相关者之间的信息沟通（Inoue，2016），让潜在的投资者了解企业目前的经营状况、财务成果、环境责任受托履行情况及未来发展规划，形成对企业价值的合理评估（Hamilton，1995）。企业加强环境信息披露不但可以显示出自身环境责任的履行情况，还可以起到帮助企业获取融资的作用，更可以起到增强企业创新能力的作用。鉴于此，会计学界有必要针对企业环境治理及相关信息的披露问题对企业创新能力的影响展开更为深入的研究。

参 考 文 献

[1] 鲍晓华. 反倾销措施的贸易救济效果评估 [J]. 经济研究, 2007 (2): 71 – 84.

[2] 毕茜, 彭珏, 左永彦. 环境信息披露制度、公司治理和环境信息披露 [J]. 会计研究, 2012 (7): 39 – 47.

[3] 毕茜, 顾立盟, 张济建. 传统文化、环境制度与企业环境信息披露 [J]. 会计研究, 2015 (3): 12 – 19.

[4] 毕茜, 于连超. 环境税的企业绿色投资效应研究: 基于面板分位数回归的实证研究 [J]. 中国人口·资源与环境, 2016 (3): 76 – 82.

[5] 陈德萍, 陈永圣. 股权集中度、股权制衡度与公司绩效关系研究 [J]. 会计研究, 2011 (1): 38 – 43.

[6] 陈红蕾, 吉缅周. 不完全竞争市场上的贸易和产业政策: 以合成橡胶行业为例的经验分析 [J]. 财贸经济, 2005 (1): 28 – 34.

[7] 崔睿, 李延勇. 企业环境管理与财务绩效相关性研究 [J]. 山东社会科学, 2011 (7): 169 – 171.

[8] 陈诗一, 陈登科. 雾霾污染、政府治理与经济高质量发展 [J]. 经济研究, 2018 (2): 20 – 34.

[9] 常文博, 宣枫, 张所宁. 关于工业企业产品成本分析的几个问题 [J]. 会计研究, 1980 (4): 46 – 52.

[10] 陈元燮. 成本控制理论的探讨 [J]. 会计研究, 1982 (3): 33 – 37.

[11] 陈阵, 孙若瀛. "反倾销、反补贴" 对中国企业绩效的影响: 由造纸业

与橡胶业观察 [J]. 改革, 2013 (7): 96 - 103.

[12] 迟铮. 企业环保投资与反生态倾销关系研究 [J]. 财经问题研究, 2019 (12): 58 - 64.

[13] 董有德, 陈蓓. 融资约束、对外直接投资与企业研发支出 [J]. 世界经济研究, 2021 (3): 121 - 133.

[14] 冯丽丽, 林芳, 许家林. 产权性质、股权集中度与企业社会责任履行 [J]. 山西财经大学学报, 2011 (9): 100 - 107.

[15] 封进. 国际贸易中的环境成本及其对比较优势的影响 [J]. 国际贸易问题, 1998 (9): 36 - 39.

[16] 傅京燕. 环境成本内部化与产业国际竞争力 [J]. 中国工业经济, 2002 (6): 37 - 44.

[17] 范利民, 李秀燕. 公司董事会结构与企业绩效的实证研究: 来自广西上市公司近 5 年的经验数据 [J]. 广西大学学报 (哲学社会科学版), 2009 (3): 25 - 30.

[18] 冯巧根. 经济新常态下的管理会计发展思路 [J]. 会计之友, 2015 (19): 133 - 136.

[19] 高红贵. 现代企业社会责任履行的环境信息披露研究: 基于"生态社会经济人"假设视角 [J]. 会计研究, 2010 (12): 29 - 33.

[20] 葛家澍. 论社会主义经济中固定资产的无形耗损及其计算问题 [J]. 厦门大学学报 (社会科学版), 1957 (2): 111 - 129.

[21] 葛家澍. 关于人民公社农产品成本的经济本质问题 [J]. 中国经济问题, 1959 (10): 40 - 41.

[22] 耿伟. 自由贸易保护贸易的理论分析: 兼论 WTO 与中国的贸易自由化 [J]. 现代财经, 2001 (12): 51 - 53.

[23] 耿云江, 赵晓晓. 大数据时代管理会计的机遇、挑战与应对 [J]. 会计之友, 2015 (1): 11 - 14.

[24] 贺朝弼. 会计参与企业经营决策简论 [J]. 会计研究, 1986 (4): 29 - 30.

[25] 涵方. 关于成本考核指标的探讨 [J]. 会计研究, 1986 (6): 17 - 19.

[26] 胡国柳, 蒋国洲. 股权结构、公司治理与企业业绩: 来自中国上市公司的新证据 [J]. 财贸研究, 2007 (4): 83 - 89.

[27] 胡珺，宋献中，王红建. 非正式制度、家乡认同与企业环境治理 [J].
管理世界，2017（3）：76 – 94.

[28] 胡俊南，王宏辉. 重污染企业环境责任履行与缺失的经济效应对比分
析 [J]. 南京审计大学学报，2019（6）：91 – 100.

[29] 黄江泉. 浅析反生态倾销的起因 [J]. 经济论坛，2006（2）：31 – 32.

[30] 胡立新，王俊，冯雨晴. 地方政府竞争、环境政策与上市公司环保投
资研究 [J]. 新疆社会科学，2017（2）：27 – 33.

[31] 贺南轩. 论成本核算的改革 [J]. 财会探索，1988（6）：36 – 40.

[32] 黄蓉，何宇婷. 环境信息披露与融资约束之动态关系研究：基于重污
染行业的检验证据 [J]. 金融经济学研究，2020（2）：63 – 74.

[33] 黄寿峰. 财政分权对中国雾霾影响的研究 [J]. 世界经济，2017（2）：
127 – 151.

[34] 霍伟东，施筱圆. 加快环境成本内部化，积极应对反生态倾销 [J]. 生
态经济，2007（5）：47 – 50.

[35] 郝云宏，周翼翔. 董事会结构、公司治理与绩效：基于动态内生性视
角的经验证据 [J]. 中国工业经济，2010（5）：110 – 120.

[36] 胡振华，杨晓明. 环境成本内在化与国际绿色贸易 [J]. 国际贸易问
题，2001（9）：48 – 54.

[37] 江飞涛，李晓萍. 直接干预市场与限制竞争：中国产业政策的取向与
根本缺陷 [J]. 中国工业经济，2010（9）：26 – 36.

[38] 吉利，苏朦. 企业环境成本内部化动因：合规还是利益？——来自重
污染行业上市公司的经验证据 [J]. 会计研究，2016（11）：69 – 75.

[39] 蒋为，孙浦阳. 美国对华反倾销、企业异质性与出口绩效 [J]. 数量经
济技术经济研究，2016（7）：59 – 76.

[40] 景维民，张璐. 环境管制、对外开放与中国工业的绿色技术进步 [J].
经济研究，2014（9）：34 – 47.

[41] 孔东民，刘莎莎，应千伟. 公司行为中的媒体角色：激浊扬清还是推
波助澜？[J]. 管理世界，2013（7）：145 – 162.

[42] 孔祥祯. 成本计算必须更好地为提高经济效益服务：兼谈资本主义国
家的标准成本问题 [J]. 财会通讯，1983（11）：5 – 8.

[43] 林斌，刘运国，谭光明，张玉虎. 作业成本法在我国铁路运输企业应

用的案例研究 [J]. 会计研究, 2001 (2): 31 – 39.

[44] 罗斌, 凌鸿程, 苏婷. 环境分权与企业创新: 促进抑或阻碍: 基于环境信息披露质量的中介效应分析 [J]. 当代财经, 2020 (4): 113 – 124.

[45] 李百兴, 王博, 卿小权. 企业社会责任履行、媒体监督与财务绩效研究: 基于 A 股重污染行业的经验数据 [J]. 会计研究, 2018 (7): 64 – 71.

[46] 吕长江, 韩慧博. 上市公司资本结构特点的实证分析 [J]. 南开管理评论, 2001 (5): 26 – 29.

[47] 骆德明. 对作业成本计算理论和方法的探讨 [M]//中国会计学会. 中国会计学会重点科研课题文集 (第1集). 北京: 中国财政经济出版社, 1998: 364 – 383.

[48] 罗飞. 试论成本控制的基本原理 [J]. 会计研究, 1985 (3): 45 – 52.

[49] 李海舰, 孙凤娥. 战略成本管理的思想突破与实践特征: 基于比较分析的视角 [J]. 中国工业经济, 2013 (2): 91 – 103.

[50] 刘红霞. 中国企业社会责任成本支出研究 [J]. 中央财经大学学报, 2008 (6): 80 – 87.

[51] 黎凯, 叶建芳. 财政分权下政府干预对债务融资的影响: 基于转轨经济制度背景的实证分析 [J]. 管理世界, 2007 (8): 23 – 34.

[52] 罗开艳, 田启波. 雾霾是否会抑制企业投资支出: 来自污染类上市公司的经验证据 [J]. 山西财经大学学报, 2019 (6): 26 – 40.

[53] 林乐芬. 上市公司股权集中度实证研究 [J]. 南京社会科学, 2005 (11): 57 – 61.

[54] 刘明辉. 全面成本控制论 [J]. 会计研究, 1986 (2): 41 – 43.

[55] 卢宁文, 孟凡. 资本结构、高管持股对上市公司绩效的影响: 基于我国上市公司的经验数据分析 [J]. 经营与管理, 2017 (2): 59 – 62.

[56] 李培功, 沈艺峰. 社会规范、资本市场与环境治理: 基于机构投资者视角的经验证据 [J]. 世界经济, 2011 (6): 126 – 146.

[57] 刘倩. 油气矿区环境成本内部化的障碍及对策 [J]. 生产力研究, 2014 (11): 86 – 88.

[58] 李强, 田双双, 刘佟. 高管政治网络对企业环保投资的影响: 考虑政

府与市场的作用 [J]. 山西财经大学学报，2016（3）：90 - 99.

[59] 李强，田双双. 环境规制能够促进企业环保投资吗？——兼论市场竞争的影响 [J]. 北京理工大学学报（社会科学版），2016（4）：1 - 8.

[60] 刘瑞明. 国有企业、隐性补贴与市场分割：理论与经验证据 [J]. 管理世界，2012（4）：21 - 32.

[61] 李双建，李俊青，张云. 社会信任、商业信用融资与企业创新 [J]. 南开经济研究，2020（3）：81 - 102.

[62] 李天民. 变动成本计算法 [J]. 财会通讯，1982（2）：20 - 26.

[63] 李天民. 管理会计研究 [M]. 上海：立信会计出版社，1994：264 - 265.

[64] 黎文靖. 会计信息披露政府监管的经济后果：来自中国证券市场的经验证据 [J]. 会计研究，2007（8）：13 - 21.

[65] 黎文靖，路晓燕. 机构投资者关注企业的环境绩效吗？——来自我国重污染行业上市公司的经验证据 [J]. 金融研究，2015（12）：97 - 112.

[66] 黎文靖，郑曼妮. 实质性创新还是策略性创新？——宏观产业政策对微观企业创新的影响 [J]. 经济研究，2016（4）：60 - 73.

[67] 卢伟强，张林夕. 作业会计能取代传统财务会计吗？[J]. 财会通讯，1996（6）：9 - 10.

[68] 李欣，杨朝远，曹建华. 网络舆论有助于缓解雾霾污染吗？——兼论雾霾污染的空间溢出效应 [J]. 经济学动态，2017（6）：45 - 57.

[69] 刘锡良，文书洋. 中国的金融机构应当承担环境责任吗？——基本事实、理论模型与实证检验 [J]. 经济研究，2019（3）：38 - 54.

[70] 李烨，黄速建. 我国国有企业的综合绩效影响因素研究：以 2006—2014 年沪深国有 A 股公司为样本 [J]. 经济管理，2016（11）：60 - 71.

[71] 李依，高达，卫平. 中央环保督察能否诱发企业绿色创新？[J]. 科学学研究，2021（2）：1 - 16.

[72] 李月娥，李佩文，董海伦. 产权性质、环境规制与企业环保投资 [J]. 中国地质大学学报（社会科学版），2018（6）：36 - 49.

[73] 刘颖斐，倪源媛. 异质机构投资者对企业绩效的影响：基于独立性和

稳定性交叉视角下的检验 [J]. 现代财经（天津财经大学学报），2015 (8)：57 - 69.

[74] 刘运国，刘梦宁. 雾霾影响了重污染企业的盈余管理吗？——基于政治成本假说的考察 [J]. 会计研究，2015 (3)：26 - 33.

[75] 马富萍，郭玮. 高管持股、技术创新与企业绩效的关系研究：基于资源型上市公司的实证检验 [J]. 内蒙古大学学报（哲学社会科学版），2012 (3)：105 - 109.

[76] 马连福，王元芳，沈小秀. 国有企业党组织治理、冗余雇员与高管薪酬契约 [J]. 管理世界，2013 (5)：100 - 115.

[77] 穆泉，张世秋. 中国 2001—2013 年 PM2.5 重污染的历史变化与健康影响的经济损失评估 [J]. 北京大学学报（自然科学版），2015 (4)：694 - 706.

[78] 马英麟，王俊生. 产品成本预测分析 [J]. 会计研究，1980 (4)：32 - 45.

[79] 聂辉华，蒋敏杰. 政企合谋与矿难：来自中国省级面板数据的证据 [J]. 经济研究，2011 (6)：146 - 156.

[80] 牛建波，李胜楠. 董事会的治理绩效研究：基于民营上市公司面板数据的实证分析 [J]. 山西财经大学学报，2008 (1)：75 - 83.

[81] 倪静洁，吴秋生. 内部控制有效性与企业创新投入：来自上市公司内部控制缺陷披露的证据 [J]. 山西财经大学学报，2020 (9)：70 - 84.

[82] 聂丽洁. 社会责任会计：一个不容忽视的会计分支 [J]. 当代经济科学，1998 (3)：83 - 85.

[83] 宁亚平. 作业成本法适用条件研究 [J]. 财政研究，2012 (3)：79 - 82.

[84] 欧佩玉，王平心. 作业分析法及其在我国先进制造企业的应用 [J]. 会计研究，2000 (2)：46 - 51.

[85] 欧阳清. 产品成本控制 [J]. 财经问题研究，1982 (4)：103 - 108.

[86] 欧阳清，刘永泽. 论建立中国式标准成本会计 [J]. 财经问题研究，1988 (1)：47 - 51.

[87] 欧阳清. 成本管理理论与方法研究 [M]. 大连：东北财经大学出版社，1998：204 - 207.

［88］潘飞. 现代成本会计的发展趋势 ［J］. 上海会计，1996（2）：32 - 34.

［89］彭海珍，任荣明. 国外自由贸易与环境相关理论及启示 ［J］. 财贸经济，2003（10）：82 - 86.

［90］曲亮，章静，郝云宏. 独立董事如何提升企业绩效：立足四层委托 - 代理嵌入模型的机理解读 ［J］. 中国工业经济，2014（7）：109 - 121.

［91］全晶晶，李志远. 产权性质、机构投资者持股与企业社会责任投资 ［J］. 投资研究，2020（2）：147 - 158.

［92］曲如晓. 贸易与环境的新旧论争 ［J］. 国际贸易问题，2004（9）：44 - 47.

［93］曲如晓，焦志文. 商品倾销、生态倾销与社会倾销的比较及应对 ［J］. 甘肃社会科学，2006（4）：55 - 58.

［94］齐绍洲，张倩，王班班. 新能源企业创新的市场化激励：基于风险投资和企业专利数据的研究 ［J］. 中国工业经济，2017（12）：95 - 112.

［95］齐绍洲，林屾，崔静波. 环境权益交易市场能否诱发绿色创新？ —— 基于我国上市公司绿色专利数据的证据 ［J］. 经济研究，2018（12）：129 - 143.

［96］钱雪松，丁滋芳，陈琳琳. 缓解融资约束促进了企业创新吗？——基于中国《物权法》自然实验的经验证据 ［J］. 经济科学，2021（1）：96 - 108.

［97］苏冬蔚，连莉莉. 绿色信贷是否影响重污染企业的投融资行为？［J］. 金融研究，2018（12）：123 - 137.

［98］沈红波，谢越，陈峥嵘. 企业的环境保护、社会责任及其市场效应：基于紫金矿业环境污染事件的案例研究 ［J］. 中国工业经济，2012（1）：141 - 151.

［99］邵汉瑾. 对改进成本考核指标的看法 ［J］. 会计研究，1984（4）：41 - 42.

［100］盛明泉，汪顺，张春强. “雾霾”与企业融资：来自重污染类上市公司的经验证据 ［J］. 经济评论，2017（5）：28 - 39.

［101］沈洪涛，游家兴，刘江宏. 再融资环保核查、环境信息披露与权益资本成本 ［J］. 金融研究，2010（12）：159 - 172.

［102］沈洪涛，冯杰. 舆论监督、政府监管与企业环境信息披露 ［J］. 会计

研究，2012（2）：72 - 78.

[103] 沈洪涛，黄珍，郭肪汝. 告白还是辩白：企业环境表现与环境信息披露关系研究 [J]. 南开管理评论，2014（2）：56 - 63.

[104] 沈洪涛，周艳坤. 环境执法监督与企业环境绩效：来自环保约谈的准自然实验证据 [J]. 南开管理评论，2017（6）：73 - 82.

[105] 孙久文，张可云，安虎森，贺灿飞，潘文卿. "建立更加有效的区域协调发展新机制"笔谈 [J]. 中国工业经济，2017（11）：26 - 31.

[106] 宋铁波，钟熙，陈伟宏. 企业绩效越好环保投入会越多吗？——来自中国制造业上市公司的经验证据 [J]. 华东经济管理，2017（5）：126 - 133.

[107] 苏文兵，熊焰韧，张朝宓. 作业成本法时过境迁了吗？——论管理创新理论的传播动因与路径 [J]. 会计与经济研究，2015（4）：52 - 66.

[108] 苏振东，邵莹. 对外反倾销措施能否改善中国企业绩效？——以化工产品"双酚A"案件为例 [J]. 经济评论，2013（4）：81 - 87.

[109] 孙万欣，陈金龙. 内部治理机制与绩效相关性：基于传播与文化产业上市公司的实证研究 [J]. 宏观经济研究，2013（2）：80 - 90.

[110] 沈宇峰，徐晓东. 制度环境、政治关联与企业环保投资：来自A股上市公司的经验证据 [J]. 系统管理学报，2019（3）：416 - 428.

[111] 唐国平，李龙会，吴德军. 环境管制、行业属性与企业环保投资 [J]. 会计研究，2013（6）：83 - 89.

[112] 唐国平，李龙会. 股权结构、产权性质与企业环保投资：来自中国A股上市公司的经验证据 [J]. 财经问题研究，2013（3）：93 - 100.

[113] 唐国平，倪娟，何如桢. 地区经济发展、企业环保投资与企业价值：以湖北省上市公司为例 [J]. 湖北社会科学，2018（6）：93 - 99.

[114] 佟孟华，许东彦，郑添文. 企业环境信息披露与权益资本成本：基于信息透明度和社会责任的中介效应分析 [J]. 财经问题研究，2020（2）：63 - 71.

[115] 陶萍，张睿，朱佳. 高管薪酬、企业绩效激励效应与政府限薪令影响：133家A股国有控股公司的实证研究 [J]. 现代财经（天津财经大学学报），2016（6）：17 - 29.

[116] 唐勇军,夏丽.环保投入、环境信息披露质量与企业价值 [J].科技管理研究,2019 (10):256 –264.

[117] 王迪,张红,张春晖,李红辉.旅游上市公司董事会治理对经营绩效的影响:基于非平衡面板数据的分析 [J].旅游学刊,2014 (11):36 –44.

[118] 王红建,汤泰劼,宋献中.谁驱动了企业环境治理:官员任期考核还是五年规划目标考核 [J].财贸经济,2017 (11):147 –161.

[119] 王建玲,李玥婷,吴璇.企业社会责任报告与债务资本成本:来自中国A股市场的经验证据 [J].山西财经大学学报,2016 (7):113 –124.

[120] 汪家祐,曹冈.变动成本法 [M]//中国成本研究会.成本管理文集(第2辑).北京:中央广播电视大学出版社,1981:189 –200.

[121] 王满.管理会计:大道至简 [J].财务与会计,2015 (4):11 –12.

[122] 万寿义,王政力.战略成本动因分析的应用模式研究 [J].上海立信会计学院学报,2006 (5):10 –16.

[123] 万寿义,刘正阳.制度背景、公司价值与社会责任成本:来自沪深300指数上市公司的经验证据 [J].南开管理评论,2013 (1):83 –91.

[124] 万寿义,迟铮.中国出口企业为何遭遇反倾销调查? [J].财经问题研究,2014 (12):105 –110.

[125] 王学军.论战略成本管理 [J].财会通讯,1992 (9):3 –5.

[126] 王兴山.企业互联网时代的管理会计 [J].财务与会计,2015 (4):13 –14.

[127] 王云,李延喜,马壮,宋金波.媒体关注、环境规制与企业环保投资 [J].南开管理评论,2017 (6):83 –94.

[128] 王芸,谭希倩.融资约束、环境信息披露质量与研发投入 [J].会计之友,2021 (2):56 –64.

[129] 王珍愚,曹瑜,林善浪.环境规制对企业绿色技术创新的影响特征与异质性:基于中国上市公司绿色专利数据 [J].科学学研究,2021 (5):909 –919.

[130] 夏博辉.浅谈成本分析的改革 [J].财经理论与实践,1985 (4):

45 - 47.

[131] 信春华，赵金煜，蔡国艳. 环境规制对煤炭企业生态投资的影响：基于面板数据的实证分析 [J]. 干旱区资源与环境，2018（3）：17 - 22.

[132] 熊风华，黄俊. 股权集中度、大股东制衡与公司绩效 [J]. 财经问题研究，2016（5）：69 - 75.

[133] 许罡. 企业社会责任履行抑制商誉泡沫吗？[J]. 审计与经济研究，2020（1）：90 - 99.

[134] 徐光伟，李剑桥，刘星. 党组织嵌入对民营企业社会责任投入的影响研究：基于私营企业调查数据的分析 [J]. 软科学，2019（8）：26 - 31.

[135] 徐辉，周孝华，周兵. 环境信息披露对研发投入产出效率的影响研究 [J]. 当代财经，2020（8）：139 - 149.

[136] 夏宽云. 战略成本管理：取得竞争优势的新工具 [J]. 财会通讯，1998（4）：6 - 8.

[137] 谢诗芬. 试论成本预测中定量分析法与定性分析法的结合运用 [J]. 会计之友，1985（6）：34 - 35.

[138] 薛爽，赵泽朋，王迪. 企业排污的信息价值及其识别：基于钢铁企业空气污染的研究 [J]. 金融研究，2017（1）：162 - 176.

[139] 解维敏，方红星. 金融发展、融资约束与企业研发投入 [J]. 金融研究，2011（5）：171 - 183.

[140] 解维敏，唐清泉，陆姗姗. 政府 R&D 资助、企业 R&D 支出与自主创新：来自中国上市公司的经验证据 [J]. 金融研究，2009（6）：86 - 99.

[141] 熊焰韧，苏文兵，林慧苗，仇秋菊. 战略成本管理在中国企业有用武之地吗？[J]. 山西财经大学学报，2008（10）：112 - 118.

[142] 谢志华. 社会成本及其形式和控制 [J]. 会计研究，1995（12）：27 - 29.

[143] 余秉坚，丁平准. 试论企业成本核算改革的方向 [J]. 会计研究，1985（1）：35 - 39.

[144] 阎达五. 提高成本核算质量：论反映、分析和监督的结合 [J]. 中国经济问题，1964（Z2）：59 - 63.

[145] 杨蕙馨, 王胡峰. 国有企业高层管理人员激励与企业绩效实证研究 [J]. 南开经济研究, 2006 (4): 82 - 97.

[146] 姚洪心, 海闻. 相关市场、生态倾销与最优战略环境政策 [J]. 经济学 (季刊), 2012 (4): 1389 - 1402.

[147] 姚洪心, 吴伊婷. 绿色补贴、技术溢出与生态倾销 [J]. 管理科学学报, 2018 (10): 47 - 60.

[148] 杨纪琬. 怎样阅读工业企业的成本报表 [J]. 财政, 1963 (2): 21 - 25.

[149] 杨纪琬. 当前成本管理工作中的几个问题: 在中国成本研究会成立大会上的发言 [J]. 会计研究, 1980 (4): 4 - 13.

[150] 杨纪琬. 探索成本核算的新路子: 在中国成本研究会 1984 年年会暨第五次理论探讨会上的发言 [J]. 会计研究, 1985 (1): 12 - 18.

[151] 杨纪琬. 企业成本管理问题浅议 [M]//中国成本研究会. 成本管理文集. 北京: 中央广播电视大学出版社, 1980: 28 - 30.

[152] 姚萍, 李长青. 生态倾销的理论探讨 [J]. 财贸经济, 2008 (3): 122 - 126.

[153] 易庭源. 成本核算与管理 [M]//中国成本研究会. 成本管理文集 (第3辑). 北京: 中央广播电视大学出版社, 1982: 277 - 285.

[154] 尹显萍, 梁艳. 南北关系中的贸易与环境问题 [J]. 世界经济研究, 2006 (11): 22 - 27.

[155] 余绪缨. 如何根据人民公社的经济特点来研究其成本计算问题 [J]. 中国经济问题, 1959 (10): 42 - 43.

[156] 余绪缨. 以 ABM 为核心的新管理体系的基本框架 [J]. 当代财经, 1994 (4): 54 - 56.

[157] 原毅军, 谢荣辉. 产业集聚、技术创新与环境污染的内在联系 [J]. 科学学研究, 2015 (9): 1340 - 1347.

[158] 姚铮, 王嵩. 创业投资机构持股对企业研发绩效影响的实证研究 [J]. 金融理论与实践, 2014 (2): 67 - 70.

[159] 于增彪, 张黎群, 张双才. 重新认识成本管理的理念与方法 [J]. 财务与会计 (理财版), 2014 (6): 8 - 10.

[160] 杨培强, 张兴泉. 贸易保护政策对异质性企业影响的实证检验: 兼论中

美产业内贸易摩擦传导机制 [J]. 国际贸易问题, 2014 (1): 120 - 130.

[161] 杨芷晴, 张帆, 张友斗. 竞争性领域政府补助如何影响企业创新 [J]. 财贸经济, 2019 (9): 132 - 145.

[162] 曾辉祥, 李世辉, 周志方, 肖序. 水资源信息披露、媒体报道与企业风险 [J]. 会计研究, 2018 (4): 89 - 96.

[163] 赵晶, 孟维烜. 官员视察对企业创新的影响: 基于组织合法性的实证分析 [J]. 中国工业经济, 2016 (9): 109 - 126.

[164] 张纯, 吕伟. 机构投资者、终极产权与融资约束 [J]. 管理世界, 2007 (11): 119 - 126.

[165] 张成, 陆旸, 郭路, 于同申. 环境规制强度和生产技术进步 [J]. 经济研究, 2011 (2): 113 - 124.

[166] 章辉美, 邓子纲. 基于政府、企业、社会三方动态博弈的企业社会责任分析 [J]. 系统工程, 2011 (6): 123 - 126.

[167] 张杰, 芦哲, 郑文平, 陈志远. 融资约束、融资渠道与企业 R&D 投入 [J]. 世界经济, 2012 (10): 66 - 90.

[168] 张杰, 陈志远, 杨连星, 新夫. 中国创新补贴政策的绩效评估: 理论与证据 [J]. 经济研究, 2015 (10): 4 - 17.

[169] 章轲. 中国污染到底有多重? 污水总量超环境容量三倍 [N]. 第一财经日报, 2014 - 05 - 22.

[170] 张琦, 郑瑶, 孔东民. 地区环境治理压力、高管经历与企业环保投资: 一项基于环境空气质量标准 (2012) 的准自然实验 [J]. 经济研究, 2019 (6): 183 - 198.

[171] 张善琛. 工业企业成本考核指标的改革: 推行地区行业标准成本的探讨 [J]. 会计研究, 1983 (6): 22 - 25.

[172] 张文菲, 金祥义. 信息披露如何影响企业创新: 事实与机制——基于深交所上市公司微观数据分析 [J]. 世界经济文汇, 2018 (6): 102 - 119.

[173] 张曦, 许琦. 上市公司高管激励与公司绩效关系的实证研究 [J]. 商业研究, 2013 (3): 108 - 115.

[174] 张秀敏, 杨连星, 汪瑾. 企业环境信息披露促进了研发创新吗? [J]. 商业研究, 2016 (6): 37 - 43.

［175］张哲，葛顺奇．环境信息披露具有创新提升效应吗？［J］．云南财经大学学报，2021（2）：69－82.

［176］郑飞，石青梅，李腾，刘晗．财政补贴促进了企业创新吗——基于产业生命周期的经验证据［J］．宏观经济研究，2021（2）：41－52.

［177］郑杲娉，徐永新．慈善捐献、公司治理与股东财富［J］．南开管理评论，2011（2）：92－101.

［178］郑思齐，万广华，孙伟增，罗党论．公众诉求与城市环境治理［J］．管理世界，2013（6）：72－84.

［179］周守华，陶春华．环境会计：理论综述与启示［J］．会计研究，2012（2）：3－10.

［180］周运兰，李子珺，罗如芳．机构投资者持股与上市公司财务绩效的实证研究［J］．中南民族大学学报（自然科学版），2013（3）：113－117.

［181］周振华．产业政策分析的基本框架［J］．当代经济科学，1990（6）：26－32.

［182］祝继高，韩非池，陆正飞．产业政策、银行关联与企业债务融资：基于A股上市公司的实证研究［J］．金融研究，2015（3）：176－191.

［183］朱钟棣，鲍晓华．反倾销措施对产业的关联影响：反倾销税价格效应的投入产出分析［J］．经济研究，2004（1）：81－92.

［184］Aghion P, Howitt P. A Model of Growth through Creative Destruction ［J］. Econometrica, 1992, 60 (2): 323–351.

［185］Anton W R Q, Deltas G, Khanna M. Incentives for Environmental Self-regulation and Implications for Environmental Performance ［J］. Journal of Environmental Economics and Management, 2004, 48 (1): 632–654.

［186］Arouri M E H, Caporale G M, Rault C, Sova R, Sova A. Environmental Regulation and Competitiveness: Evidence from Romania ［J］. Ecological Economics, 2012, 81 (5): 130–139.

［187］Ball C, Burt G, De Vries F, MacEachern E. How Environmental Protection Agencies Can Promote Eco-innovation: The Prospect of Voluntary Reciprocal Legitimacy ［J］. Technological Forecasting & Social Change, 2018, 129 (4): 242–253.

[188] Bardhan P, Mookherjee D. Decentralization and Accountability in Infrastructure Delivery in Developing Countries [J]. Economic Journal, 2006, 116 (508): 101 – 127.

[189] Baron R, Kenny D. The Moderator-mediator Variable Distinction in Social Psychological Research: Conceptual, Strategic, and Statistical Considerations [J]. Journal of Personality and Social Psychology, 1986, 51 (6): 1173 – 1182.

[190] Barrett S. Strategic Environmental Policy and International Trade [J]. Journal of Public Economics, 1994, 54 (3): 325 – 338.

[191] Baysinger B, Butler H. Corporate Governance and the Board of Directors: Performance Effects of Changes in Board Composition [J]. Journal of Law, Economics and Organizations, 1985, 1 (1): 101 – 124.

[192] Bhagat S, Black B. Non-correlation between Board Independence and Long-term Firm Performance [J]. Journal of Corporation Law, 2002, 27 (2): 231 – 273.

[193] Blanco E, Rey-Maquieira J, Lozano J. The Economic Impacts of Voluntary Environment Performance of Firms: A Critical Review [J]. Journal of Economics Surveys, 2009, 23 (3): 462 – 502.

[194] Botosan C. Disclosure Level and the Cost of Equity Capital [J]. The Accounting Review, 1997, 72 (3): 323 – 349.

[195] Brammer S, Millington A. Corporate Reputation and Philanthropy: An Empirical Analysis [J]. Journal of Business Ethics, 2005, 61 (1): 29 – 44.

[196] Buchanan J, Stubblebine W. Externality [J]. Economica, 1962, 29 (116): 371 – 384.

[197] Carrus G, Bonaiuto M, Bonnes M. Environmental Concern, Regional Identity and Support for Protected Areas in Italy [J]. Environment and Behavior, 2005, 37 (2): 237 – 257.

[198] Carter C, Gunning-Trant C. U. S. Trade Remedy Law and Agriculture: Trade Diversion and Investigation Effects [J]. Candadian Journal of Economics, 2010, 43 (1): 97 – 126.

[199] Chandra P, Long C. Anti-dumping Duties and Their Impact on Exporter:

Firm Level Evidence from China [J]. World Development, 2013 (51): 169 –186.

[200] Chay K, Greenstone M. The Impact of Air Pollution on Infant Mortality: Evidence from Geographic Variation in Pollution Shocks Induced by A Recession [J]. Quarterly Journal of Economics, 2003, 118 (3): 1121 – 1167.

[201] Clarkson P, Li Y, Richardson G. The Market Valuation of Environmental Capital Expenditures by Pulp and Paper Companies [J]. The Accounting Review, 2004, 79 (2): 329 –353.

[202] Crandall R. The U. S. Steel Industry in Recurrent Crises: Policy Options in a Competitive World [M]. Washington, D. C.: Brookings Institution, 1981: 35 –45.

[203] Denis D, Sarin A. Ownership and Board Structure in Publicly Traded Corporations [J]. Journal of Financial Economics, 1999, 52 (2): 187 – 223.

[204] Denzau A R L. American Steel: Responding to Foreign Competition [M]. Center for the Study of American Business, Formal Publication No. 66, February, 1985.

[205] El Ghoul S, Guedhami O, Kwok C, Mishra D. Does Corporate Social Responsibility Affect the Cost of Capital? [J]. Journal of Banking and Finance, 2011, 35 (9): 2388 –2406.

[206] Fama E, Jensen M. Separation of Ownership and Control [J]. Journal of Law and Economics, 1983, 26 (2): 301 –325.

[207] Feinberg R, Kaplan S. Fishing Downstream: The Political Economy of Effective Administered Protection [J]. Canadian Journal of Economics, 1993, 26 (1): 150 –158.

[208] Freeman E. Strategic Management: A Stakeholder Approach [M]. Boston: Pitman. Cambridge University Press, 1984. 88.

[209] Goyal V, Park C. Board Leadership Structure and CEO Turnover [J]. Journal of Corporate Finance, 2002, 8 (1): 49 –66.

[210] Gray W, Deily M. Compliance and Enforcement: Air Pollution Regulation

in the U. S. Steel Industry [J]. Journal of Environmental Economics and Management, 1996, 31 (1): 96 – 111.

[211] Greaker M. Strategic Environmental Policy: Eco-dumping or A Green Strategy? [J]. Journal of Environmental Economics and Management, 2003, 45 (3): 692 – 707.

[212] Hambrick D, Mason P. Upper Echelons: The Organization as A Reflection of Its Top Managers [J]. Academy of Management Review, 1984, 9 (2): 193 – 206.

[213] Hamilton J. Pollution as News: Media and Stock Market: Reactions to the Toxics Release Inventory Data [J]. Journal of Environmental Economics and Management, 1995, 28 (1): 98 – 113.

[214] Hart S, Ahuja G. Does It Pay to Be Green? An Empirical Examination of the Relationship between Emission Reduction and Firm Performance [J]. Business Strategy and the Environment, 1996, 5 (1): 30 – 37.

[215] Hartigan J C, Perry P R, Kamma S. The Value of Administered Protection: A Capital Market Approach [J]. The Review of Economics and Statistics, 1986, 68 (4): 610 – 617.

[216] Henriques I P S, Sadorsky P. The Determinants of an Environmentally Response Firm: An Empirical Approach [J]. Journal of Environmental Economics and Management, 1996, 30 (3): 381 – 395.

[217] Hernandez B, Martin A M, Ruiz C, Hidalgo M C. The Role of Place Identity and Place Attachment in Breaking Environmental Protection Laws [J]. Journal of Environmental Psychology, 2010, 30 (3): 281 – 288.

[218] Hitchens D, Clausen J, Trainor M, Keil M, Thankappan S. Competitiveness, Environmental Performance and Management of SMEs [J]. Greener Management International, 2003 (44): 45 – 57.

[219] Inoue E. Environmental Disclosure and Innovation Activity: Evidence from EU Corporations. Discussion Papers, 2016 (12): 1 – 40.

[220] Jensen M, Meckling W. Theory of the Firm: Managerial Behavior, Agency Cost and Ownership Structure [J]. Journal of Financial Economics, 1976, 3 (4): 305 – 360.

[221] Johnson S, La Porta R, Lopez-de-Silanes F, Shleifer A. Tunneling [J]. American Economic Review, 2000 (90): 22 - 27.

[222] Johnson E, Tversky A. Affect, Generalization, and the Perception of Risk [J]. Journal of Personality and Social Psychology, 1983, 45 (1): 20 - 31.

[223] Kagan R, Gunningham N, Thornton D. Explaining Corporate Environmental Performance: How Does Regulation Matter? [J]. Law and Society Review, 2003, 37 (1): 51 - 90.

[224] Kang M, Lee H, Park S. Industry-specific Effects of Antidumping Activities: Evidence from the US, the European Union and China [J]. Applied Economics, 2012, 44 (8): 999 - 1008.

[225] Kaplan N, Zingales L. Do Investment-cash Flow Sensitivities Provide Useful Measures of Financing Constraints? [J]. The Quarterly Journal of Economics, 1997, 112 (1): 169 - 215.

[226] Kyle G, Graefe A, Manning R. Testing the Dimensionality of Place Attachment in Recreational Settings [J]. Environment and Behavior, 2005, 37 (2): 153 - 177.

[227] La Porta R, Lopez-de-Silane F, Shleifer A. Corporate Ownership Around the World [J]. Journal of Finance, 1999, 54 (2): 471 - 517.

[228] Lee K H, Min B, Yook K H. The Impacts of Carbon (CO$_2$) Emissions and Environmental Research and Development (R&D) Investment on Firm Performance [J]. International Journal of Production Economics, 2015, 167 (C): 91 - 101.

[229] Lehmann E, Weigand J. Does the Governed Corporation Perform Better? Governance Structures and Corporate Performance in Germany [J]. European Finance Review, 2000, 4 (2): 157 - 195.

[230] Lenway S, Rehbein K, Starks L. The Impacts of Protectionism on Firm Weather: The Experience of the Steel Industry [J]. Southern Economic Journal, 1990 (56): 1079 - 1093.

[231] Leone A, Wu J, Zimmerman J. Asymmetric Sensitivity of CEO Cash Compensation to Stock Returns [J]. Journal of Accounting and Economics, 2006, 42 (1 - 2): 167 - 192.

[232] Lipton M, Lorsch J. A Modest Proposal for Improved Corporate Governance [J]. The Business Lawyer, 1992, 48 (1): 59 – 77.

[233] Li W, Zhang R. Corporate Social Responsibility, Ownership Structure, and Political Interference: Evidence from China [J]. Journal of Business Ethics, 2010, 96 (4): 631 – 645.

[234] Mackey A, Mackey T, Barney J. Corporate Social Responsibility and Firm Performance: Investor Preferences and Corporate Strategies [J]. Academy of Management Review, 2007, 32 (3): 817 – 835.

[235] Malhotra N, Rus H A, Kassam S. Antidumping Duties in the Agriculture Sector: Trade Restricting or Trade Deflecting? [J]. Global Economy Journal, 2008, 8 (2): 1 – 19.

[236] Martin P, Moser D. Managers' Green Investment Disclosures and Investors' Reaction [J]. Journal of Accounting and Economics, 2016, 61 (1): 239 – 254.

[237] Mas-Colell A, Whinston M, Green J. Microeconomic Theory [M]. Oxford: Oxford University Press, 1995.

[238] Mendez J, Berg G. The Effects of Steel Import Restraints on U. S. Exports, Imports and Domestic Sales in Steel-consuming Industries [J]. Journal of World Trade, 1989, 23 (4): 35 – 44.

[239] Myers S, Majluf N. Corporate Financing and Investment Decisions When Firms Have Information That Investors Do Not Have [J]. Journal of Financial Economics, 1984, 13 (2): 187 – 221.

[240] Montabon F, Sroufe R, Narasimhan R. An Examination of Corporate Reporting, Environmental Management Practices and Firm Performance [J]. Journal of Operations Management, 2007, 25 (5): 998 – 1014.

[241] Murovec N, Erker R, Prodan I. Determinants of Environmental Investments: Testing the Structural Model [J]. Journal of Cleaner Production, 2012, 37 (4): 265 – 277.

[242] Nakamura E. Does Environmental Investment Really Contribute to Firm Performance? An Empirical Analysis Using Japanese Firms [J]. Eurasian Business Review, 2011, 1 (2): 91 – 111.

［243］North D. Institutions, Institutional Change and Economic Performance ［M］. Cambridge, UK: Cambridge University Press, 1990: 80 – 85.

［244］Opler T, Pinkowitz L, Stulz R, Williamson R. The Determinants and Implications of Corporate Cash Holdings ［J］. Journal of Financial Economics, 1999, 52（1）: 3 – 46.

［245］Orsato R. Competitive Environmental Strategies: When Does It Pay to be Green? ［J］. California Management Review, 2006, 48（2）: 127 – 143.

［246］Pekovic S, Grolleau G, Mziyghi N. Environmental Investments: Too Much of a Good Thing? ［J］. International Journal of Production Economics, 2018, 197（3）: 297 – 302.

［247］Pope A, Ezzati M, Dockery D. Tradeoffs between Income, Air Pollution and Life Expectancy: Brief Report on the US Experience, 1980 – 2000 ［J］. Environmental Research, 2015（142）: 591 – 593.

［248］Porter M, van de Linde C. Green and Competitive ［J］. Harvard Business Review, 1995, 73（5）: 120 – 134.

［249］Ratter B M W, Gee K. Heimat—A German Concept of Regional Perception and Identity as a Basis for Coastal Management in the Warden Sea ［J］. Ocean and Coastal Management, 2012, 68（11）: 127 – 137.

［250］Rauscher M. On Ecological Dumping ［J］. Oxford Economic Paper, 1994, 46（Supplement-1）: 822 – 840.

［251］Roussey R S. Practice Note: Auditing Environmental Liabilities ［J］. Auditing: A Journal of Practice and Theory, 1992, 11（1）: 45 – 57.

［252］Schumpeter J. Capitalism, Socialism and Democracy ［J］. American Economic Review, 1942, 3（4）: 594 – 602.

［253］Schwartz M, Carroll A. Corporate Social Responsibility: A Three-domain Approach ［J］. Business Ethics Quarterly, 2003, 13（4）: 503 – 530.

［254］Shleifer A, Vishny R. Large Shareholders and Corporate Control ［J］. Journal of Political Economy, 1986, 94（3）: 461 – 488.

［255］Spicer B. Investors, Corporate Social Performance and Information Disclosure: An Empirical Study ［J］. The Accounting Review, 1978, 53（1）: 94 – 111.

［256］ Suchman M. Managing Legitimacy： Strategic and Institutional Approaches ［J］. The Academy of Management Review, 1995, 20 （3）： 571 – 610.

［257］ Sueyoshi T, Wand D. Radial and Non-radial Approaches for Environmental Assessment by Data Envelopment Analysis： Corporate Sustainability and Effective Investment for Technology Innovation ［J］. Energy Economics, 2014, 45 （9）： 537 – 551.

［258］ Tang Z, Tang J. Can the Media Discipline Chinese Firms' Pollution Behaviors? The Mediating Effects of the Public and Government ［J］. Journal of Management, 2016, 42 （6）： 1700 – 1722.

［259］ Turban D, Greening D. Corporate Social Performance and Organizational Attractiveness to Prospective Employees ［J］. Academy of Management Journal, 1996, 40 （3）： 658 – 672.

［260］ Tuan Y F. Topophilia： A Study of Environmental Perception, Attitudes and Values ［M］. Engelwood Cliffs, New Jersey： Prentice-Hall Inc. , 1974.

［261］ Vaske J, Kobrin K. Place Attachment and Environmentally Responsible Behavior ［J］. The Journal of Environmental Education, 2001, 32 （4）： 16 – 21.

［262］ Walden D, Schwartz N. Environmental Disclosures and Public Policy Pressure ［J］. Journal of Accounting and Public Policy, 1997, 16 （2）： 125 – 154.

［263］ Wheeler D, Sillanpaa M. Including the Stakeholders： The Business Case ［J］. Long Range Planning, 1998, 31 （2）： 201 – 210.

［264］ Yermack D. Higher Market Valuation of Companies with A Small Board of Directors ［J］. Journal of Financial Economics, 1996 （40）： 185 – 211.

［265］ Yurtoglu B. Ownership Structure, Control and the Performance of Turkish Listed Firms ［J］. The Empirica, 2000, 27 （2）： 193 – 222.

［266］ Zhang X, Chen X, Zhang X B. The Impact of Exposure to Air Pollution on Cognitive Performance ［J］. Proceedings of the National Academy of Sciences, 2018, 115 （37）： 9193 – 9197.

［267］ Zhao X, Zhang L, Song Y. Environmental Information Disclosure of Listed Company Study on the Cost of Debt Capital Empirical Data： Based on Thermal Power Industry ［J］. Canadian Social Science, 2013, 10 （6）： 88 – 94.